Ponpie Four Season Tarts

澎派
四季塔派

張智傑／郭秉翰──著

推薦序

　　很開心能分享介紹這本我喜愛的烘焙書，這本食譜是由郭秉翰主廚花了許多心思撰寫，很榮幸能推薦這本結合多元豐富的烘焙好書。

　　郭秉翰主廚是一位我熟識許久的烘焙同愛好者，人人常說做一件事情必須做的「好」，但我覺得「好」這個字，蘊含了許多含義，在烘焙世界中要做「好」的烘焙商品，製作過程、選材時要注重，除了要有豐富的手法之外，還需要不斷追尋靈感，使手作的甜品賦予美好風味，並且傳遞著甜蜜的滋味。郭秉翰主廚時常讓我感受到他喜愛烘焙的熱情，保持著職人烘焙魂的精神，也因此書中的每道甜品，可以看出郭秉翰主廚用心展現出每一道甜品的色、香、味。

　　本書採用「季節」為主題，臺灣氣候分明，非常適合利用四季食材加以變化，本書也運用每個季節的食材來量身打造甜品，讓讀者更能了解食材的運用，使自己在製作甜點上有更多啟發。如何「不時不食」？ 就是在對的季節用對的食材，再結合本書食譜，絕對能讓您做出季節性的美味甜品。

　　書裡的每道甜品，分享了許多郭秉翰主廚不同的手法，有蛋糕類、慕斯類、塔派類，可以讓您知道每個甜品是如何幻化成驚艷的成品！郭秉翰主廚烘焙職涯中，對於甜點的執著及愛好，身為烘焙者的我，真心推薦這本難得又無私的手作書籍給您！

星級飯店主廚

巫政翰

首先恭喜！張智傑 Ivan Chang 澎派創辦人跟主廚小郭師傅，一起共同完成《澎派四季塔派》這本書，5 年前我剛從法國回到台灣時，經由同業友人分享介紹水果塔產品而認識了澎派，與主廚小郭則是於講習會中相識，彼此都充滿了對烘焙熱愛的心，因此很快地相識相熟，接到他的推薦人邀約時也是毫不猶豫的答應。

這幾年烘焙產業隨著資訊的發達，求新求變的速度比以往來得快很多，產品的替換率變得非常高，但澎派水果塔派類產品能在市場上屹立不搖持續暢銷，產品有許多獨到之處，主廚小郭師傅也一直運用他的創意持續開發出許多不同口味及內餡的搭配，相信讀者一定能在看完這本書後更加了解，如何運用各式各樣不同的水果製作塔類的產品。

製作一本甜點書籍背後需要付出許多心力與時間，他們願意投入與大家一起分享的心，相信大家在讀完這本書後一定能深深感受到，也期待大家能從中學習到做出屬於你們的四季水果塔。

全統西點 / 星忱甜點主廚經營者

陳星緯

作者序

　　每一個甜點的誕生，都像是一段感情的旅程，而這本書，正是我們旅程中的心路歷程。

　　我是張智傑，Ponpie 的創辦人。我一直堅信，食物不僅能飽腹，更能打開心靈的窗戶，讓人感受到生命中的美好，Ponpie 的甜點之所以能夠觸動人心，背後少不了一位靈魂人物——主廚 Leo。

　　Leo 不僅是一位技藝精湛的糕點師，更是一位能將情感融入作品中的藝術家，他用心雕琢每一款甜點，讓它們成爲能夠傳遞溫暖與關愛的載體。Leo 主廚與我共同的信念，是將 Ponpie 打造成爲一個以台灣在地食材爲核心的甜點品牌，我們深信，每一種食材都蘊藏著土地的故事，蘊含著農人的心血，這份堅持讓我們的甜點不僅有著美味，更帶有一份獨特的情感與故事。

　　在這本書裡，Leo 將分享他多年的心血結晶，而我則希望透過這些食譜，讓大家感受到 Ponpie 對於品質與創新的不懈追求，我們期盼，這本書能夠成爲你在甜點創作中的靈感來源，讓你在廚房中發揮無限的創意，並感受到我們想要傳遞的那份溫暖與愛。

　　無論你是一位專業糕點師，還是家庭中的甜點愛好者，相信這本書中的每一道食譜都能夠給你帶來不同的啟發與感動，也衷心感謝每一位支持 Ponpie 的朋友，是你們的鼓勵讓我們能夠繼續在甜點世界中探險，創造出更多讓人心動的作品。

　　這本書，是我們多年來的心血與汗水凝聚而成的成果，希望你能在這些甜點中找到屬於你的那份美好。

Ponpie 創辦人

張智傑 Ivan，2024 年 9 月

作者序

　　很高興有這個機會與 Ivan 共同策劃這本烘焙書籍，這是我職涯裡非常寶貴的經驗。

　　書中的作品有些曾出現在澎派的蛋糕櫃裡，有些則是我在拍攝過程中的即興發揮，希望透過這本書能讓大家認識更多台灣好食材並且運用在甜點的四季變化裡。

　　最後特別感謝，明資食品有限公司以及品硯美學廚電的支持與幫忙，讓我能夠順利完成這本書。

澎派主廚

郭秉翰 Leo

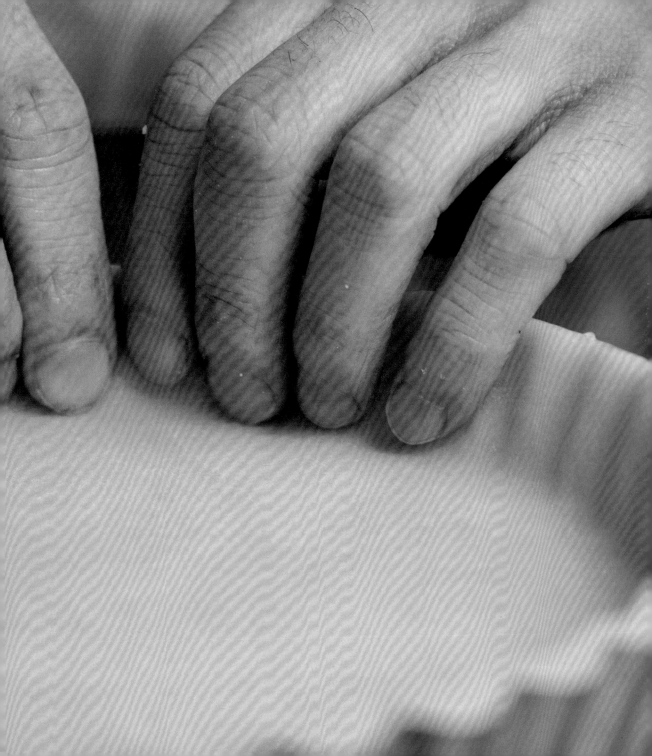

CONTENTS

BASIC 塔的烘焙基礎

‧塔皮的種類

SPRING 春

SUMMER 夏

FALL 秋

WINTER 冬

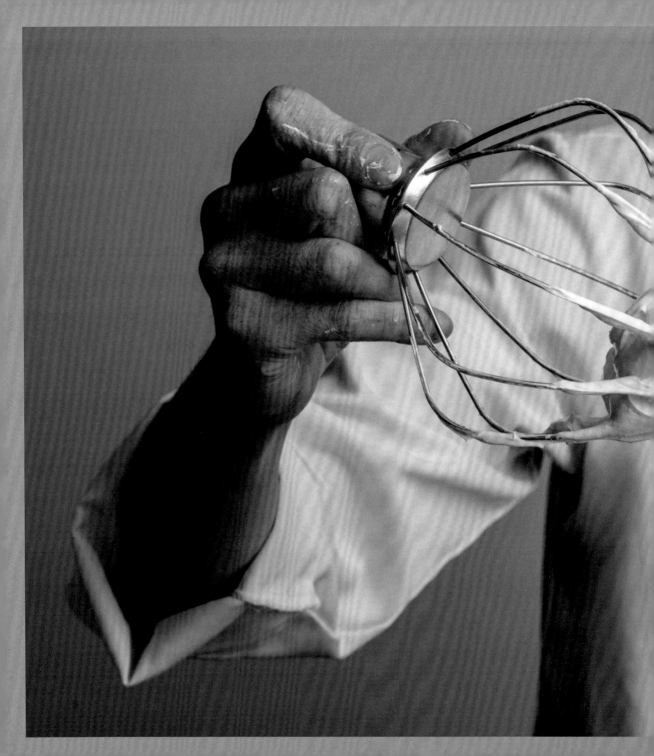

BASIC

塔的烘焙基礎

塔皮的種類

甜塔皮

Ingredients
材料

發酵無鹽奶油 154g　　　蛋黃 34g

糖粉 95g　　　　　　　　全蛋液 27g

鹽 2.4g　　　　　　　　低筋麵粉 325g

杏仁粉 36g

Methods
作法

1. 奶油稍微退冰至能用手指壓出痕跡即可（不要太軟，以免攪出來的塔皮容易出油）。

2. 奶油、過篩糖粉、鹽使用槳狀拌打器攪拌均勻。

3. 分次加入蛋黃及全蛋液（中途停機刮缸讓食材混勻）。

4. 最後加入過篩的低筋麵粉、杏仁粉，慢速攪拌均勻。

5. 取出後整形、收封冷藏鬆弛 1 小時。

酥底塔皮

Ingredients

材 料

發酵無鹽奶油 157g　　　　全蛋液 53g

糖粉 105g　　　　　　　　低筋麵粉 332g

鹽 0.7g　　　　　　　　　泡打粉 1.4g

Methods
作 法

1. 奶油稍微退冰至能用手指壓出痕跡即可（不要太軟，以免攪出來的塔皮容易出油）。

2. 奶油、過篩糖粉、鹽使用槳狀拌打器攪拌均勻。

3. 分次加入全蛋液（中途停機刮缸讓食材混勻）。

4. 最後加入過篩的低筋麵粉、泡打粉，慢速攪拌均勻。

5. 取出後整形、收封冷藏鬆弛 1 小時。

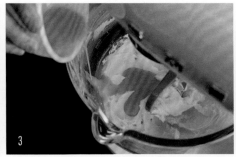

4

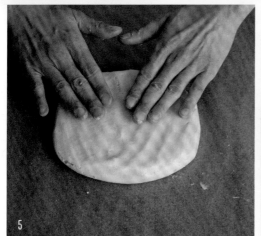

5

5

沙布列塔皮

Ingredients
材 料

發酵無鹽奶油　200g

糖粉　120g

鹽　2.5g

全蛋液　60g

中筋麵粉　300g

杏仁粉　36g

Methods
作 法

1. 奶油從冷藏拿出來，切成小丁狀。

2. 奶油、糖粉、鹽、中筋麵粉、杏仁粉秤在一起搓開成散沙狀。

3. 加入全蛋液使用槳狀拌打器攪拌均勻，並且成糰即可。

4. 整形、收封冷藏靜置 1.5 小時（沙布列的麵糰比較黏，需靜置久一點再使用）。

共同配方

原味杏仁餡

Ingredients
材料

發酵無鹽奶油 105g	全蛋液 102g
糖粉 65g	低筋麵粉 27g
杏仁粉 77g	

Methods
作法

1. 奶油、糖粉攪拌均勻後分次加入蛋液。

2. 加入過篩低筋麵粉、杏仁粉,攪拌均勻即可。

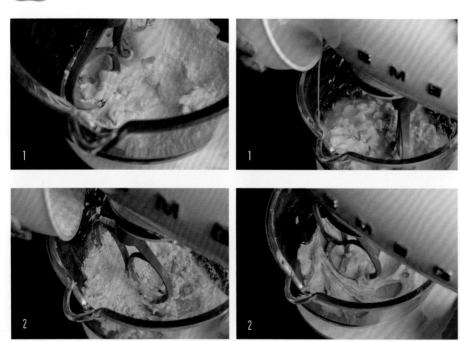

鮮奶油香緹

Ingredients
材料

綿雪奶霜 10　　　150g　　　　細砂糖　　　15g

動物鮮奶油　　150g　　　　柑曼怡橙酒　8g

Methods
作法

1. 攪拌盆先放入冰箱冰鎮。
2. 所有食材倒入攪拌盆，使用球狀拌打器中速打發（機器轉速勿過快，以免油水分離）。
3. 打至硬挺狀即可。

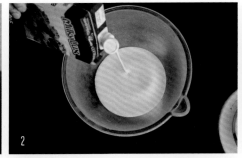
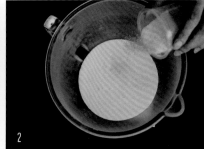
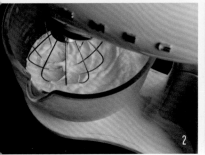

外交官奶油

Ingredients
材料

鮮奶 350g	細砂糖 70g	吉利丁塊 18g
動物鮮奶油 A 50g	玉米粉 20g	動物鮮奶油 B 350g
香草莢 1/2 支	高筋麵粉 20g	
蛋黃 88g	發酵無鹽奶油 35g	

Methods
作法

1. 蛋黃、香草莢（取出籽）、細砂糖、玉米粉、高筋麵粉攪拌均勻。

2. 鮮奶、動物鮮奶油 A 煮滾沖入步驟 1 中攪拌，香草莢過濾後，再回煮到 80℃關火。

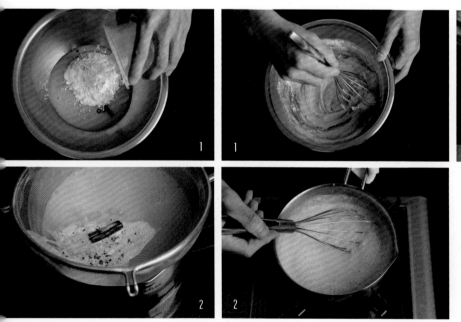

3. 加入奶油攪拌融化。

4. 吉利丁塊加熱到 60℃加入，拌勻成卡士達。

5. 鋪在保鮮膜上冷藏冰鎮。

6. 鮮奶油 B 打發至硬挺狀，與卡士達攪拌均勻即可。

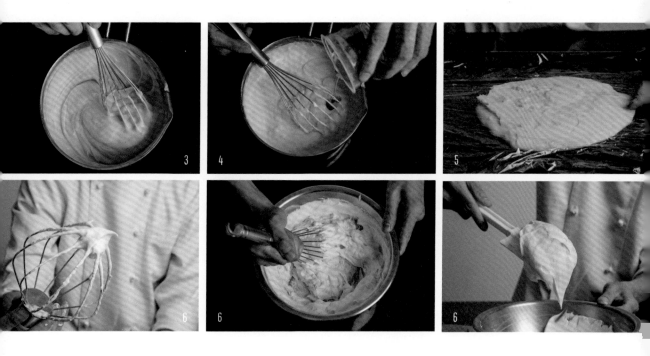

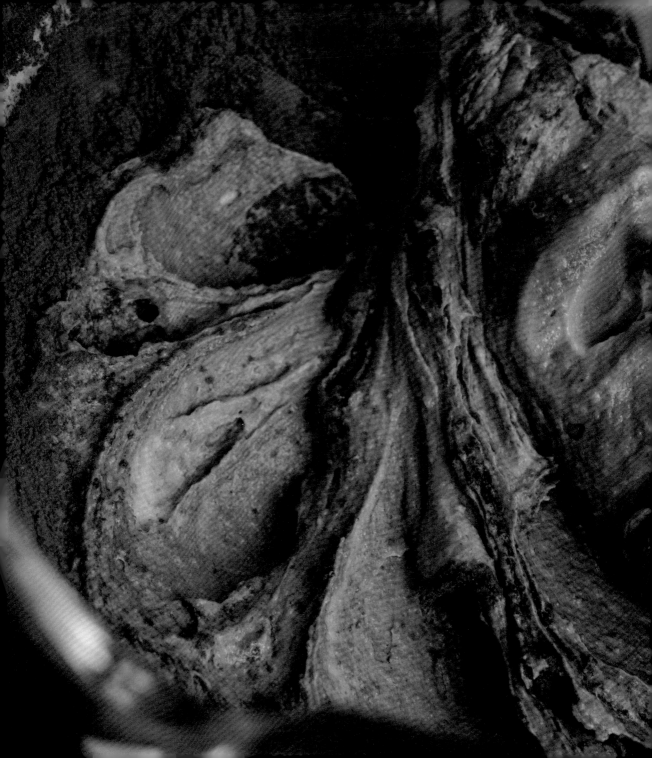

塔皮與內餡的關係

塔皮和內餡可以做出各式各樣的組合，想讓兩者更完美結合，則要根據內餡種類，來選擇與之搭配的塔皮。

a. 生皮生餡

常用於：蛋塔

適用含水量高且不易烤熟的內餡，方便大量製作。

b. 熟皮熟餡

常用於：檸檬塔、水果塔、巧克力塔、堅果塔

以烤熟的空塔殼作為基底，填入各種風味的內餡做搭配，有眾多變化性也是最常見的作法。

c. 半熟皮生餡

特殊運用：生皮生餡的延伸運用

為了讓塔的組成更豐富，同時保有杏仁餡的口感，在杏仁餡不填滿塔皮，又擔心塔皮會塌陷的情況下，會先將塔皮烤到半熟（日本稱作白燒），也就是將塔皮烤到塔殼定型，外表呈現淡淡的金黃色時，再填入生餡料烤焙。

d. 熟皮生餡

常用於：鹹派

把鹹派皮烤熟，舖上調味過的炒料，為了讓炒料定型，會倒入蛋汁烤焙凝固。

烘焙小技巧

吉利丁粉使用方法 ——————————————————— 吉利丁粉：飲用水　1g：5g

將吉利丁粉與飲用水攪拌均勻靜置 5 ～ 10 分鐘，加熱融化至 60 ～ 70℃，再倒入儲存的容
器中，蓋上保鮮膜冷藏保存即可。

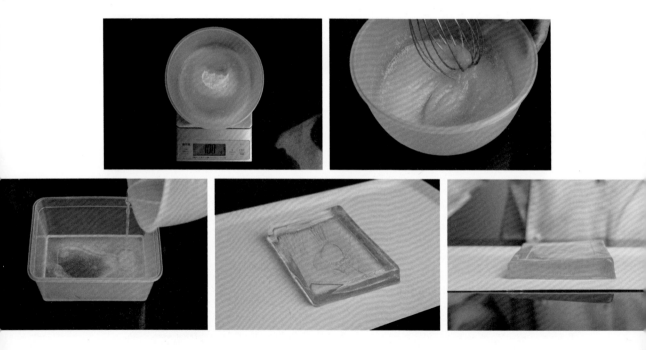

Tips 1：飲用水的溫度為 2 ～ 7℃為佳，太冰的話吉利丁的吸水性會變差，太溫熱吉利丁則
　　　　會融化掉。

Tips 2：兩種食材放在一起的同時要盡速混勻，若靜置一會兒再操作，很容易結粒。

吉利丁片使用方法

將吉利丁片撥開，泡入冷水 5 ～ 10 分鐘，泡軟後將多餘的水分擠乾，秤重量應達到吉利丁片的 6 倍重量，加熱融化至 60 ～ 70℃，再倒入儲存的容器中，蓋上保鮮膜冷藏保存即可。

Tips 1：飲用水的溫度為 2 ～ 7℃為佳，太冰的話吉利丁的吸水性會變差，太溫熱吉利丁則會融化掉。

Tips 2：將需要泡水的吉利丁片與飲用水的比例試算好再泡，可以減少泡軟後將多餘的水分擠乾的時間。

關於塔的 Q & A

Q1

如何讓塔放在冷藏保持酥脆？

塔的結構裡有含水量較高的內餡導致塔殼吸到水分而變濕軟。解決辦法：多做一個塗層防水的步驟，可以在熟塔殼內側塗上巧克力避免結構裡的水分與塔殼接觸，而在熟塔的外側塗上薄薄的全蛋液再烤乾，此方法也可以盡量阻絕冷藏的溼氣。

Q2

為什麼有些防水塗層是刷巧克力？有些是刷全蛋，有什麼區別？

熟皮熟餡適用於刷巧克力做塗層。半熟皮生餡則適用於刷全蛋，決定在於塔殼有沒有需要再進一步的烤焙。

Q3

為什麼烤好的空塔殼會回縮變形跟塌陷？

從塔皮的攪拌到整形，都應注意切勿過度搓揉麵糰避免更多的麵筋產生，當然操作溫度也很重要，要是在溫度太高的環境下操作會導致塔皮出油，成品塌陷會比較嚴重。

Q4

烤好的塔殼應該如何保存？

可以放在保鮮盒冷凍保存，需要使用時提前
退冰至常溫狀態，再拿去烤箱回烤至酥脆程
度即可。也可以存放在陰涼且乾燥的環境，
使用時拿去烤箱回烤至酥脆程度即可。

Q5

剩餘的麵糰如何保存？

放在夾鏈袋裡密封起來冷凍，需要操作時先
退冰到冷藏狀態即可操作。

Q6

如何判斷蛋糕是否烤熟？

用指腹在蛋糕上輕壓，若蛋糕表面會留下手
指痕跡且還有點濕軟，代表裡面的麵糊還
沒完全被烤透，有烤熟的蛋糕表面是有彈性
的。

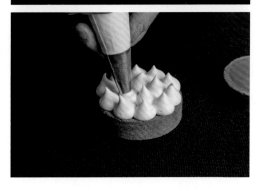

SPRING 春

SPRING

春。食材

桑椹塔

·食材｜桑椹　·產地｜嘉義

嘉義縣義竹鄉位於台灣嘉義縣西南部，屬於嘉南平原，地勢低平且鄰近海岸，擁有適合桑椹生長的氣候條件。義竹鄉曾經是台灣桑椹最大產地，盛產期一天可產出多達一萬斤的桑椹。

在 2004 年，桑椹銀行柯班長成立了產銷班，推動以「自然農法」栽培桑椹。他們採用人工除草，不使用任何化肥和農藥，專注於種植出高品質的桑椹，這使得義竹鄉的桑椹不僅具備天然的健康優勢，也保有豐富的風味。

梔子百香烏龍茶塔

· 食材｜梔子花烏龍茶　· 產地｜南投

「山生有幸」品牌精選嘉義上林社區的黃梔花與南投清香烏龍茶，以傳統窨茶工法反覆薰製而成。每片茶葉都吸收了梔子花的優雅香氣，展現出層次豐富的芳香與回甘口感。山生有幸秉持自然農法的核心理念，堅持不使用化肥與農藥，確保茶葉保有純淨自然的風味與品質。

梔子花烏龍茶既具備烏龍茶的清新回韻，又融合了梔子花的純潔芳香，讓每一次品茗都成為對自然與工藝的深刻體驗。無論是日常享用還是與親朋分享，這款茶都能帶來一份放鬆與愉悅，完美詮釋了山生有幸對於土地與生活品質的追求。

桂花四季春塔

· 食材｜四季春茶　· 產地｜南投

南投是台灣最大的茶葉產區，其中鹿谷鄉、名間鄉、魚池鄉和竹山鎮以各自的特色茶種聞名。四季春茶便是其中之一，這種早芽品種由茶農在自栽茶園中發現，因其堅強的生命力，即便在寒冬也能率先萌芽。

在其他茶種尚未展開新芽時，四季春便可收穫第一批茶葉。沖泡後，茶湯散發著春天般的清新香氣，彷彿提醒我們，正是這種不撓的生命力，使得四季如一，才成就如此美妙的滋味。

Gardenia passion oolong tea tart

梔子花百香烏龍茶塔

圓小塔

運用食材｜梔子花烏龍茶、百香果

Preparing

前置甜塔殼

1. 將塔皮擀到 3mm，使用比入塔圈大 2 號的塔圈壓出塔皮。

2. 放入直徑 7cm 圓形小塔圈中，去除邊緣多餘塔皮。

3. 放入烤焙紙、重石，155℃烤 20 ～ 23 分鐘，外側塔皮已定型並呈金黃色至半熟（白燒程度），取出重石、烤焙紙，再放進烤箱烤 5 ～ 8 分鐘。

4. 塔殼冷卻後在內側刷上薄薄黑巧克力備用。

————————梔子花烏龍茶奶凍————————

Ingredients
材料

動物鮮奶油　290g
蛋黃　58g
細砂糖　58g

梔子花烏龍茶粉　14g
馬斯卡彭　200g
吉利丁塊　25g

Methods
作法

1. 砂糖、蛋黃、茶粉放在一起攪拌均勻備用。
2. 動物鮮奶油煮沸沖入步驟 1 中攪拌，再回煮到 80℃。
3. 吉利丁塊微波融化到 60℃加入。
4. 最後加入馬斯卡彭均質，呈現光澤滑順質地。
5. 倒滿前置完成的塔殼中，放進冷凍約 2 小時。

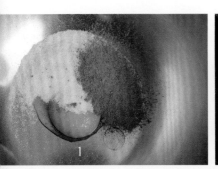

─────────────────────百香果香緹─────────────────────

Ingredients

材料

33% 調溫白巧克力 257g　　　　吉利丁塊 48g

百香果泥 106g　　　　　　　　動物鮮奶油 260g

芒果果泥 34g

Methods

作法

1. 動物鮮奶油煮沸，沖入白巧克力中攪拌均勻成甘納許。

2. 兩種果泥加熱至 40℃加入甘納許中。

3. 吉利丁塊微波融化到 60℃加入，使用食物調理棒均質，呈現光澤滑順質地。

4. 放進冷藏靜置 6 小時。

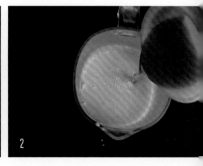

百香果果醬

Ingredients

新鮮百香果果肉　300g

細砂糖　40g

Methods

將所有食材煮到濃稠質地即可。

Assemble

1.　取出適量百香果香緹打發。

2.　使用花嘴在小塔上擠上螺旋紋路填滿成品表面。

3.　在香緹縫隙中分別擠入百香果果醬。

4.　點上金箔、開心果粒，完成。

Osmanthus
four seasons spring tart

桂花四季春茶塔

運用食材：四季春烏龍茶、龍眼桂花蜜

圓小塔

Preparing

前置甜塔殼

1. 將塔皮擀到 3mm，使用比入塔圈大 2 號的塔圈壓出塔皮。

2. 放入直徑 7cm 圓形小塔圈中，去除邊緣多餘塔皮。

3. 放入烤焙紙、重石，155℃烤 20 ～ 23 分鐘，外側塔皮已定型並呈金黃色至半熟（白燒程度），取出重石、烤焙紙，再放進烤箱烤 3 ～ 5 分鐘。

4. 在塔殼內側刷上一層全蛋液，烤箱 155℃烤 3 分鐘出爐待冷卻。

──────────桂花杏仁餡──────────

Ingredients
材 料

原味杏仁餡　200g

龍眼桂花蜜　8g

四季春茶粉　2g

Methods
作 法

1. 所有食材攪拌均勻即可（勿過度攪拌）。
2. 填入備用塔殼約 6 分滿，155℃烤 18 ～ 20 分鐘。

四季春奶凍

Ingredients
材料

動物鮮奶油 290g　　　　四季春茶粉 12g

蛋黃 58g　　　　　　　馬斯卡彭 200g

細砂糖 58g　　　　　　吉利丁塊 25g

Methods
作法

1. 砂糖、蛋黃、茶粉放在一起攪拌均勻備用。
2. 動物鮮奶油煮沸沖入步驟 1 中攪拌，再回煮到 80℃。
3. 吉利丁塊微波融化到 60℃加入。
4. 最後加入馬斯卡彭均質，呈現光澤滑順質地。
5. 倒入小塔倒滿，冷凍 1 小時。

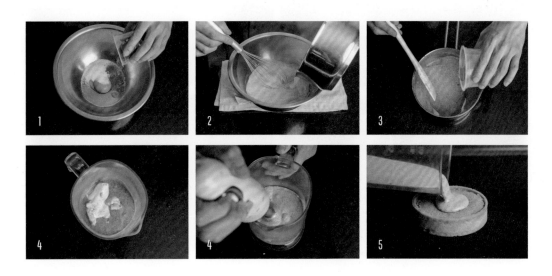

桂花水晶凍

Ingredients

材 料

水 310g

細砂糖 60g

果凍粉 7g

龍眼桂花蜜 35g

金箔 適量

Methods

作 法

1. 糖、果凍粉秤在一起混勻備用。
2. 水煮沸後加入步驟1（使用打蛋器攪拌），再次煮沸後即可離火。

3. 加入龍眼桂花蜜及適量金箔，隔冰水降溫（邊攪拌至有點濃稠後，立刻倒入模型）。

4. 冷藏 1 小時即可使用。

Assemble

將前置冷藏好的桂花凍取出放上裝飾，完成。

Coco banana tart

可可芭娜娜

圖小塔

運用食材 | 香蕉

Preparing

前置巧克力甜塔殼

1. 將塔皮擀到 3mm，使用比入塔圈大 2 號的塔圈壓出塔皮。

2. 放入直徑 7cm 圓形小塔圈中，去除邊緣多餘塔皮。

3. 放入烤焙紙、重石，155℃烤 20 ～ 23 分鐘，外側塔皮已定型至半熟（白燒程度），
   取出烤焙紙、重石，再放進烤箱烤 3 ～ 5 分鐘。

4. 塔殼冷卻後，在塔殼內側刷上薄薄一層黑巧克力備用。

巧克力甜塔皮

Ingredients
材 料

發酵無鹽奶油 168g
糖粉 123g
鹽 0.7g
全蛋液 62g

杏仁粉 36g
低筋麵粉 235g
可可粉 56g

Methods
作 法

1. 奶油稍微退冰至能用手指壓出痕跡即可（不要太軟，以免攪出來的塔皮容易出油）。
2. 奶油、過篩糖粉、鹽使用槳狀拌打器攪拌均勻。
3. 分次加入全蛋液（中途停機刮缸讓食材混勻）。
4. 最後加入過篩的低筋麵粉、杏仁粉、可可粉，慢速攪拌均勻。
5. 取出後整形、收封冷藏鬆弛 1 小時。

巧克力酥菠蘿

Ingredients
材料

二砂糖 130g
鹽 3g
杏仁粉 105g

可可粉 25g
發酵無鹽奶油 120g

Methods
作法

1. 所有食材拌勻即可（使用槳狀拌打器）。
2. 麵糰剝碎，放進烤盤烤箱 155℃烤 30 ～ 35 分鐘。
3. 烤熟後放至冷凍備用。

香蕉甘納許

Ingredients

材 料

70% 調溫黑巧克力 120g

36% 調溫牛奶巧克力 25g

動物鮮奶油 135g

葡萄糖漿 10g

熟香蕉 75g

吉利丁塊 5g

Methods

作 法

1. 動物鮮奶油、葡萄糖漿煮沸，沖入巧克力中攪拌均勻成甘納許。

2. 香蕉剝碎加入甘納許中，使用食物調理棒均質，呈現光澤滑順質地。

3. 吉利丁塊微波融化到 60℃加入。

4. 倒入前置好的塔殼中約 8 分滿，灑滿烤熟的巧克力酥菠蘿，冷藏 1 小時。

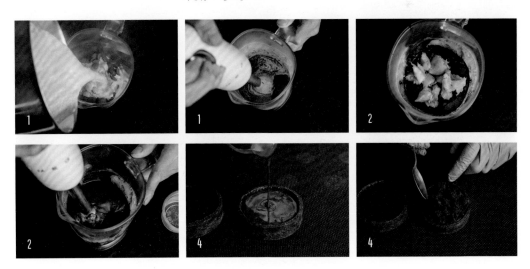

Assemble

組裝

1. 香蕉切片，表面灑上細砂糖，使用噴火槍在表面燒出焦糖色。
2. 小塔灑上防潮糖粉，放上香蕉裝飾，完成。

2

Mulberry tart

桑椹塔

運用食材｜桑椹

圓小塔

Preparing

前置酥底塔殼

1.　將塔皮擀到 3mm，使用比入塔圈大 2 號的塔圈壓出塔皮。

2.　放入直徑 7cm 圓形小塔圈中，去除邊緣多餘塔皮。

3.　放入烤焙紙、重石，155℃烤 20 ～ 23 分鐘，外側塔皮已定型並呈金黃色至半熟（白燒程度），取出重石、烤焙紙再放進烤箱烤 3 ～ 5 分鐘。

4.　在塔殼內側刷上一層全蛋液，放進烤箱 155℃烤 3 分鐘出爐待冷卻。

桑椹果醬

Ingredients
材料

桑椹果粒 300g
細砂糖 75g
水麥芽 50g

檸檬汁 13g
NH 果膠粉 4g

Methods
作法

1. 桑椹果粒、水麥芽煮沸後,使用食物調理棒將果粒打碎。
2. 糖與果膠粉混均勻倒入攪拌,繼續煮至沸騰。
3. 煮沸約 3 分鐘,倒入檸檬汁,再煮沸 1 分鐘,離火待冷卻備用。

─────原味杏仁餡─────

材料與作法參照共同配方 p.22。

Methods

作 法

1. 填入杏仁餡約 5 分滿，擠入桑椹果醬約 10g。
2. 填滿杏仁餡後抹平。
3. 烤箱 155℃烤 25 ～ 27 分鐘。

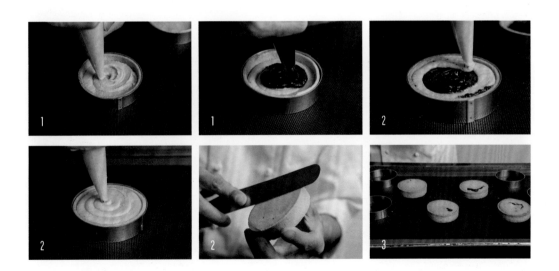

Assemble

組 裝

1. 在小塔擠上外交官奶油。（外交官奶油材料與作法參照共同配方 p.24）
2. 裝飾新鮮桑椹、覆盆子、紅醋栗串、山蘿蔔葉、金箔，完成。

2

Pineapple tart

春日

運用食材 │ 鳳梨

8 吋切片

Preparing

前置酥底塔殼

1. 將塔皮擀到 3mm，使用比入塔圈大 2 號的塔圈壓出塔皮。

2. 放入 8 吋塔圈中，去除邊緣多餘塔皮。

3. 放入烤焙紙、重石，155℃烤 25 分鐘，外側塔皮已定型並呈金黃色至半熟（白燒程度），取出重石、烤焙紙，再放進烤箱烤 8 ～ 10 分鐘。

4. 在塔殼內側塗上一層全蛋液，烤箱 155℃烤 3 分鐘出爐待冷卻。

原味杏仁餡

材料與作法參照共同配方 p.22。

Methods
作 法

1. 填入杏仁餡約 9 分滿，灑上覆盆子碎粒。
2. 烤箱 155℃烤 25 ～ 27 分鐘。

椰子香緹

Ingredients
材料

椰子果泥 120g   動物鮮奶油 346g

葡萄糖漿 20g   椰子酒 23g

33% 調溫白巧克力 180g   吉利丁塊 46g

Methods
作法

1. 動物鮮奶油、葡萄糖漿一起煮沸，沖入白巧克力中，攪拌均勻成甘納許。

2. 果泥回溫至 30℃加入甘納許。

3. 吉利丁塊微波融化到 60℃加入，使用食物調理棒均質，呈現光澤滑順質地。

4. 最後加入椰子酒拌勻後，冷藏靜置 6 小時。

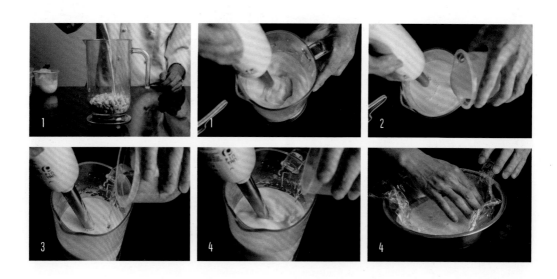

—————————糖漬鳳梨—————————

Ingredients
材料

新鮮鳳梨　　250g	細砂糖 150g
水 240g	鳳梨利口酒 20g

Methods
作法

1. 鳳梨切成小塊備用。
2. 水、砂糖煮沸後，加入鳳梨繼續煮沸約 30 秒（若鳳梨太熟不要煮太久）。
3. 降溫至冰涼狀態，加入鳳梨酒拌勻即可。

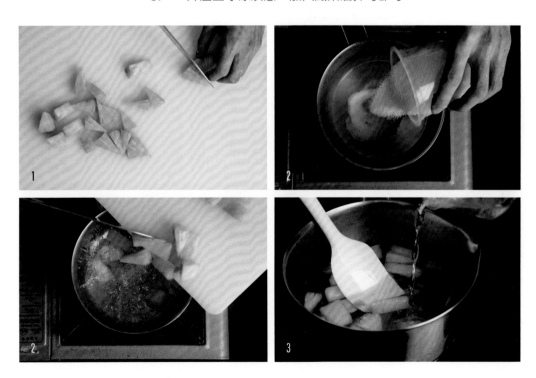

Assemble

組裝

1. 冰硬的杏仁塔切成 8 等份。

2. 取出適量椰子香緹打發,擠在杏仁塔上。

3. 糖漬鳳梨的糖水濾乾再裝飾。

4. 刷上果膠,放上食用花、藍莓、紅醋栗、山蘿蔔葉,完成。

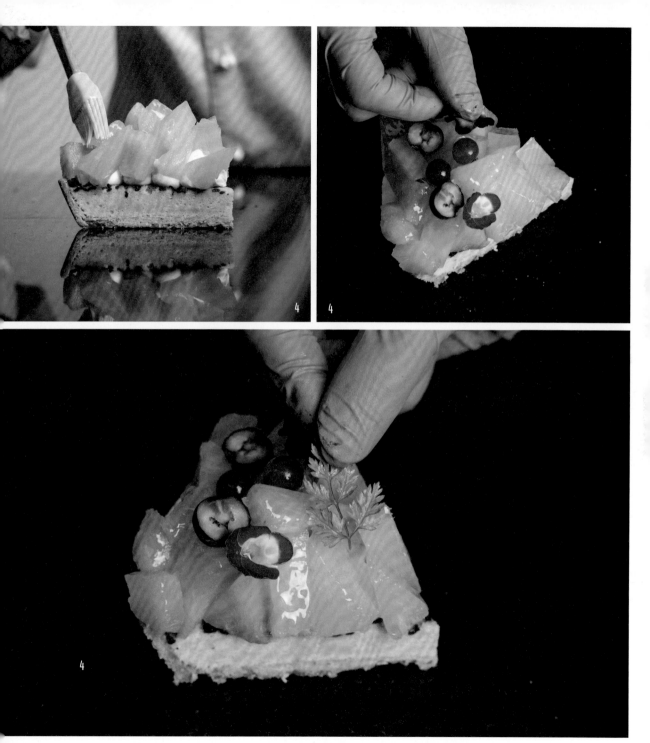

4

4

4

Ovaltine cocoa tart

阿華田可可塔

運用食材｜百香果、阿華田麥芽飲、可可脆片

圓小塔

Preparing

前置酥底塔殼

1. 將塔皮擀到 3mm，使用比入塔圈大 2 號的塔圈壓出塔皮。
2. 放入直徑 7cm 圓形小塔圈中，去除邊緣多餘塔皮。
3. 放入烤焙紙、重石，155℃烤 20 ～ 23 分鐘，外側塔皮已定型並呈金黃色至半熟（白燒程度），取出重石、烤焙紙，再放進烤箱烤 5 ～ 8 分鐘。
4. 塔殼冷卻後，在塔殼內側刷上薄薄一層黑巧克力備用。

─────可可脆片─────

Ingredients
材 料

70% 調溫黑巧克力　50g
純可可脂　10g
巴芮脆片　50g

Methods
作 法

1. 融化巧克力及可可脂（勿超過 50℃，巧克力會變質）。
2. 加入脆片攪拌均勻。
3. 填入 13g 在塔殼中備用。

百香果甘納許

Ingredients
材料

百香果果泥 115g	36% 調溫牛奶巧克力 120g
柳橙果泥 57g	吉利丁塊 32g
70% 調溫黑巧克力 53g	動物鮮奶油 230g

Methods
作法

1. 動物鮮奶油煮沸，沖入兩種巧克力中攪拌均勻成甘納許。
2. 兩種果泥回溫至 30℃加入甘納許。
3. 吉利丁塊微波融化到 60℃加入，使用食物調理棒均質，呈現光澤滑順質地。
4. 塔殼灌滿甘納許，冷凍 2 小時冰硬。

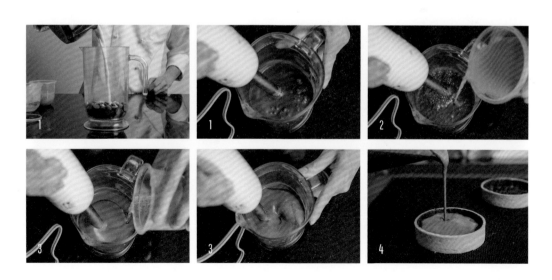

─────阿華田香緹─────

Ingredients

材料

動物鮮奶油 A 150g
細砂糖 80g
馬斯卡彭 150g
動物鮮奶油 B 500g

吉利丁塊 48g
可可粉 20g
阿華田麥芽飲 40g

Methods

作法

1. 動物鮮奶油 A、糖一起煮沸，沖入馬斯卡彭中，使用食物調理棒均質。

2. 吉利丁塊微波融化到 60℃加入均質。

3. 可可粉、麥芽飲加入均質。

4. 動物鮮奶油 B 加入均質。

5. 過篩倒入容器中，冷藏靜置 6 小時。

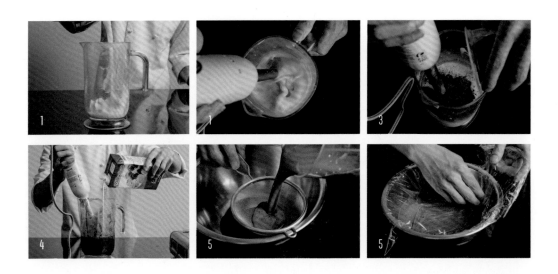

Assemble

組裝

1. 取出適量阿華田香緹打發。

2. 使用花嘴在小塔上擠出螺旋紋路填滿成品表面。

3. 在小塔一小角灑上防潮可可粉，香緹縫隙中放上巧克力脆球。

4. 邊緣沾上巧克力碎，完成。

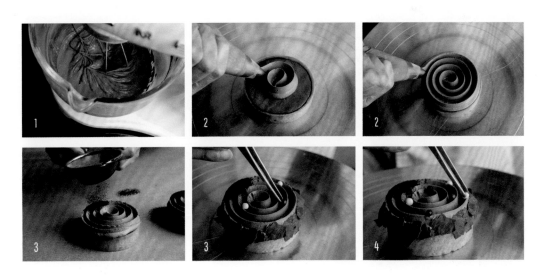

夏

SUMMER

SUMMER 夏。食材

芒果三重奏

· 食材 | 芒果　· 產地 | 枋山

「愛文芒果」是台灣最受歡迎的芒果品種之一，而屏東縣枋山鄉則是愛文芒果的知名產地。位於台灣南端的枋山鄉擁有溫暖的氣候，非常適合芒果的生長。每年 5 至 6 月為愛文芒果的盛產期，當地的芒果受到來自海風的吹拂，使得果實具有更高的甜度和獨特的風味。

枋山愛文芒果因其豐富的果肉、細膩的口感和濃郁的香氣，深受台灣消費者青睞，成為市場上的熱門水果選擇。這裡的愛文芒果品質穩定，廣泛供應至全台，成為夏季不可錯過的美味。

西瓜

· 食材 | 英倫西瓜（紅肉）、小玉西瓜（黃肉）
· 產地 | 雲林、屏東

雲林的英倫西瓜以其肥沃沙質土壤孕育出來的紅肉西瓜著稱，果肉紮實清脆、香甜多汁，每年五月開始進入採收期，成為夏日消暑的絕佳選擇。而屏東的小玉西瓜，作為黃肉西瓜的代表，以皮薄籽少、金黃色果肉、細緻爽口的風味廣受歡迎，屏東也是全台最早收成西瓜的地區。

主廚以這兩款優質西瓜打造夏日限定甜點，使用玫瑰水晶凍包裹新鮮西瓜果肉，搭配開心果海綿蛋糕和荔枝檸檬慕斯，風味清爽層次豐富，且無茶無酒精，讓全家都能享受夏日的甜蜜滋味。

蜜桃朵朵

· 食材｜水蜜桃　· 產地｜拉拉山

拉拉山位於桃園市復興鄉與新北市烏來區交界，海拔高達 2,031 公尺，是台灣著名的水蜜桃產地，當地泰雅族原住民每年栽種一季水蜜桃，這些來自雲霧繚繞的高海拔山區，水蜜桃白裡透紅，口感夢幻且富含維生素與鐵質。

拉拉山的水蜜桃多在 1,000 公尺以上的山區種植，因溫差大、日照充足，加上午後常見的雲霧環繞，成為水蜜桃生長的理想環境。每年 5 至 8 月為盛產期，這裡的水蜜桃以果形大、多汁、甜度高及細膩的口感聞名，是台灣水蜜桃中的明星品種。

玉荷包　· 食材｜玉荷包荔枝　· 產地｜高雄

玉荷包荔枝是台灣最受歡迎的荔枝品種之一，以其外形圓潤、果皮鮮紅，且籽小多汁特點著稱，其果肉晶瑩剔透，口感細膩脆爽，甜度高且帶有淡雅的花香。這種荔枝品種主要種植於台灣南部地區，尤其以高雄和屏東的玉荷包荔枝最為著名，每年 6 月為盛產期。

玉荷包荔枝不僅果肉飽滿，果核極小，幾乎無籽，使得食用口感更加豐富純粹。其甜美多汁的風味，讓它成為夏日消暑的絕佳水果，深受消費者的青睞。

蜜瓜假期

· 食材｜哈密瓜
· 產地｜台南、雲林

甜瓜在台灣常見的有洋香瓜、哈密瓜與東方型甜瓜，無論橢圓形或圓形網紋外皮的甜瓜，都常被稱作「哈密瓜」。台灣主要種植哈密瓜的地區包括雲林、嘉義、台南和屏東。

Ponpie 選用兩種優質哈密瓜：「紅肉」來自台南北門的富華哈密瓜，果肉厚實、味道濃郁；「青肉」來自雲林二崙鄉的藍寶石哈密瓜，口感香甜細膩、多汁。這兩地的獨特氣候與土壤條件，使得哈密瓜風味出色。

Lemon tart

檸檬塔

運用食材｜檸檬

Preparing

前置甜塔殼

1. 將塔皮擀到 3mm，使用比入塔圈大 2 號的塔圈壓出塔皮。
2. 放入葉子形狀塔模中，去除邊緣多餘塔皮。
3. 在塔皮底部戳洞，155℃烤 15 ～ 17 分鐘，整個塔殼已定型並呈金黃色。
4. 塔殼冷卻後，在塔殼內側刷上薄薄一層白巧克力備用。

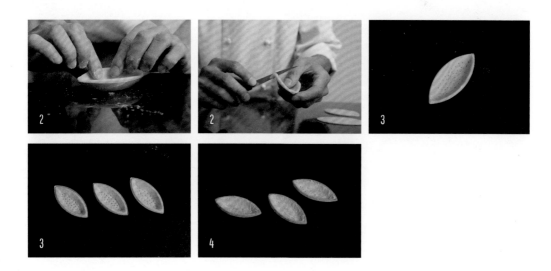

---檸檬奶餡---

Ingredients
材 料

檸檬汁 80g　　　　　　細砂糖 100g

柚子汁 30g　　　　　　發酵無鹽奶油 300g

全蛋液 140g　　　　　　黃檸檬皮屑 1 顆

上白糖 100g

Methods
作 法

1. 全蛋液、上白糖、細砂糖攪拌均勻備用。

2. 檸檬汁、柚子汁煮沸，沖入步驟 1 中，回煮至 80℃。

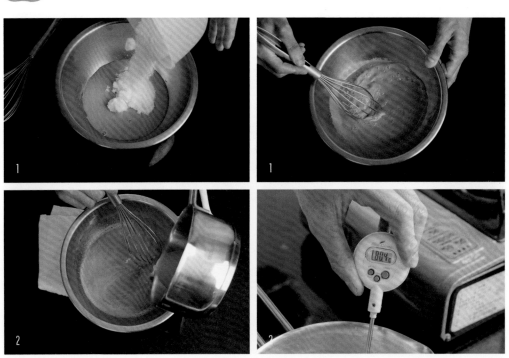

3. 降溫至 45℃，加入奶油、檸檬皮屑，使用食物調理棒均質。

4. 冷藏靜置一晚再使用。

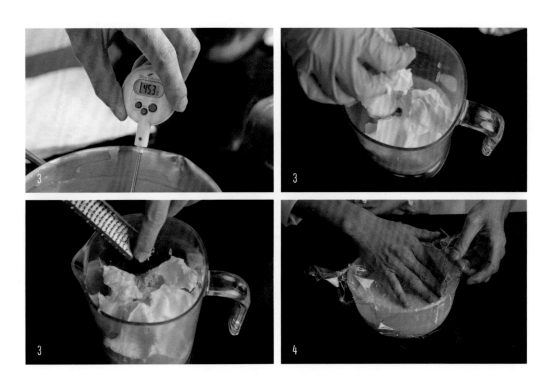

——————— 義大利蛋白霜（裝飾）———————

Ingredients
材料

蛋白 60g

細砂糖 130g

水 40g

塔塔粉 1.5g

蛋白粉 1.5g

Methods
作法

1. 蛋白、塔塔粉、蛋白粉一起打發。
2. 細砂糖、水煮至 116℃，沖入正在打發的蛋白中（勿停機）。
3. 打至硬挺狀態即可。

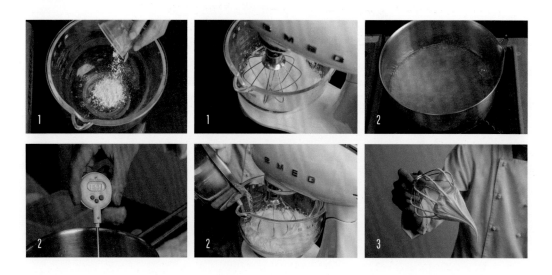

Assemble

組裝

1. 已前置好的塔殼填滿檸檬奶餡，冷凍 30 分鐘後取出裝飾。

2. 刷上鏡面果膠。

3. 使用刮板抹上蛋白霜炙燒定型即可。

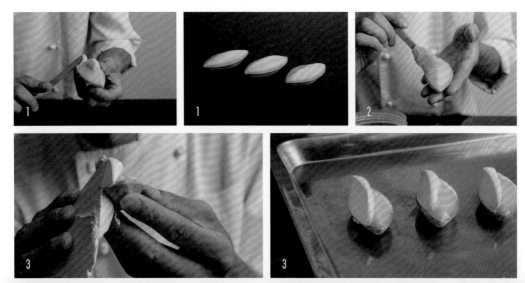

Melon tart

蜜瓜假期

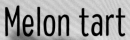

圓小塔

運用食材 | 哈密瓜

Preparing

前置甜塔殼

1. 　將塔皮擀到 3mm，使用比入塔圈大 2 號的塔圈壓出塔皮。

2. 　放入直徑 7cm 圓形小塔圈中，去除邊緣多餘塔皮。

3. 　放入烤焙紙、重石，155℃烤 23 分鐘，外側塔皮已定型並呈金黃色至半熟（白燒程度），取出重石、烤焙紙，再放進烤箱烤 5 ～ 8 分鐘。

4. 　塔殼冷卻後，在塔殼內側刷上一層薄薄白巧克力備用。

---海綿蛋糕---

Ingredients
材料

全蛋液 237g	芥花籽油 70g
蛋黃 30g	發酵無鹽奶油 52g
細砂糖 105g	低筋麵粉 82g
鮮奶 30g	

Methods
作法

1. 全蛋液、蛋黃、細砂糖隔水加熱至 40℃（比較好打發）。

2. 打發至泛白狀態，判斷麵糊滴落痕跡不易消失。

3. 倒入鋼盆中，一邊加入過篩麵粉，一邊使用刮刀攪拌均勻。

4. 先將鮮奶、芥花籽油、奶油分別加熱至 50℃，再加入麵糊混合均勻即可。

5. 烤盤鋪上烤盤紙，倒入麵糊抹平，烤箱 170℃烤 10 分鐘，烤盤轉向降溫 160℃再烤 10 分鐘。

6. 判斷是否烤熟（以指腹輕壓蛋糕中間，是否有彈性無壓痕）。

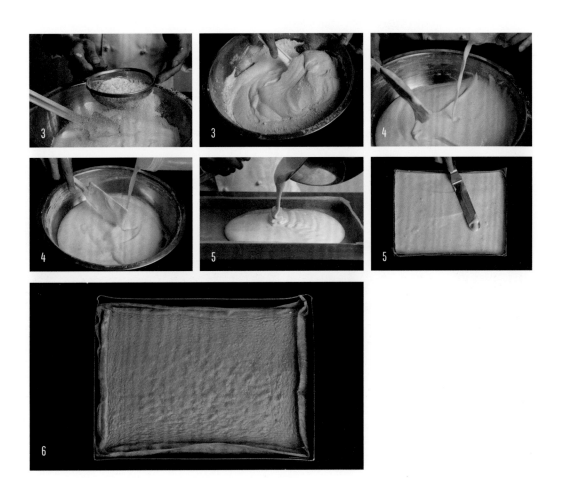

────────外交官奶油────────

材料與作法參照共同配方 p.24。

Assemble

組裝

1. 將烤好的蛋糕體，挑選比塔殼小 2 號的圓壓模壓出蛋糕備用。
2. 塔殼裡擠上薄薄一層外交官奶油，鋪上蛋糕後，填滿外交官奶油抹平。
3. 哈密瓜挖成球狀，灑上防潮糖粉，擺上裝飾，完成。

Mango tart

芒果三重奏

6 吋圓塔

運用食材 │ 芒果、芒果青

Preparing

前置甜塔殼

1. 塔皮擀到 3mm，切出寬 1.7cm、長 30cm 的長條。
2. 圍在 6 吋塔圈裡面，去除銜接處多餘塔皮。
3. 壓出底部的塔皮。
4. 將邊緣的塔皮切平整。
5. 烤箱 155℃烤 25 ～ 27 分鐘，烤到整個塔殼呈現金黃色。
6. 出爐後冷卻，在塔殼外側刷上薄薄的蛋黃，回烤 2 ～ 3 分鐘。
7. 塔殼冷卻後，在塔殼內側刷上薄薄一層白巧克力備用。

芒果果凍

Ingredients
材料

芒果果泥 200g　　　　　　細砂糖 30g
鳳梨果泥 50g　　　　　　　吉利丁塊 37g

Methods
作法

1. 將兩種果泥、細砂糖煮到 60 ～ 70℃（煮到糖融化即可）。

2. 吉利丁塊融化到 60℃加入。

3. 降溫至 25℃再倒入 75g 於塔殼中，冷凍 1 小時。

香草慕斯

Ingredients
材料

鮮奶 375g
香草莢 1/3 支
蛋黃 113g
細砂糖 105g

吉利丁塊 72g
馬斯卡彭 90g
動物鮮奶油 375g

Methods
作法

1. 蛋黃、細砂糖、香草莢剖開取出香草籽，放在一起攪拌均勻備用。
2. 鮮奶煮沸沖入步驟 1 中，攪拌均勻再過濾回煮至 80℃。
3. 吉利丁塊融化到 60℃加入。

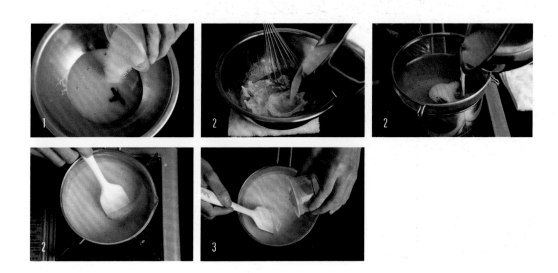

4. 加入馬斯卡彭攪拌均勻，降溫至 20℃。

5. 拌入打發的鮮奶油裡。

6. 取出冰硬的塔殼，填滿慕斯，冷凍 2 小時。

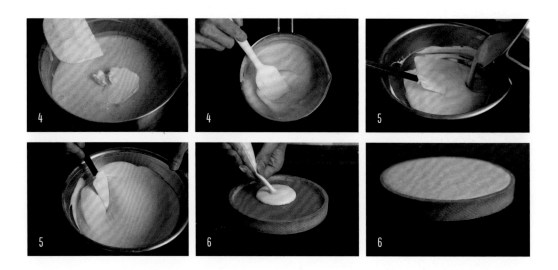

Assemble
切出適當大小的芒果以及芒果青，擺在塔上刷上果膠，完成。

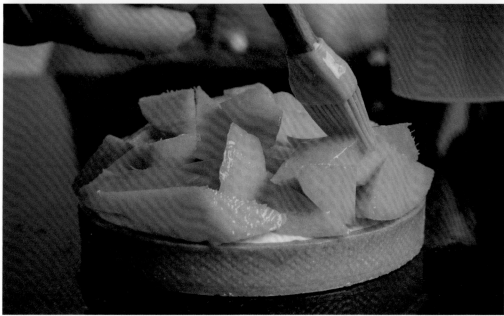

Peach tart

蜜桃朵朵

運用食材│水蜜桃

圓小塔

Preparing

前置甜塔殼

1. 將塔皮擀到 3mm，使用比入塔圈大 2 號的塔圈壓出塔皮。

2. 放入直徑 7cm 圓形小塔圈中，去除邊緣多餘塔皮。

3. 放入烤焙紙、重石，155℃烤 20 ～ 23 分鐘，外側塔皮已定型並呈金黃色至半熟（白燒程度），取出重石、烤焙紙，再放進烤箱烤 3 ～ 5 分鐘。

4. 塔殼冷卻後，在內、外側刷上薄薄一層全蛋液，回烤 3 分鐘出爐放涼備用。

4

---------------------**伯爵杏仁餡**---------------------

Ingredients
材料

原味杏仁餡 180g
伯爵茶粉 6g

Methods
作法

1. 所有食材混合均勻即可。
2. 填入塔殼約 5 分滿。
3. 155℃烤約 18 分鐘，出爐後放涼備用。

水蜜桃奶餡

Ingredients

材料

水蜜桃果泥　133g

全蛋液　80g

蛋黃　75g

細砂糖　66g

吉利丁塊　17g

發酵無鹽奶油　75g

水蜜桃濃縮醬　2g

Methods

作法

1. 全蛋液、蛋黃、細砂糖加在一起攪拌備用。
2. 果泥煮沸沖入步驟 1 中，回煮至 80℃。
3. 吉利丁塊融化到 60℃加入。
4. 加入濃縮醬混合。
5. 加入奶油後，使用食物調理棒均質，乳化成滑順質地。
6. 塔殼灌滿水蜜桃奶餡，冷凍冰硬。

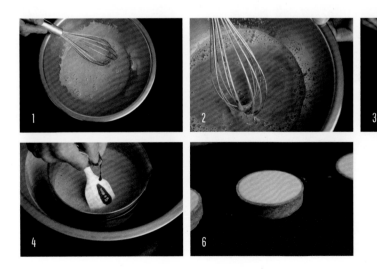

————鮮奶油香緹————

材料與作法參照共同配方 p.23。

Assemble

組裝

1. 在小塔邊緣處擠出花紋。
2. 水蜜桃切成小塊狀，堆滿小塔中間。
3. 刷上果膠，放上開心果、食用花、點上金箔，完成。

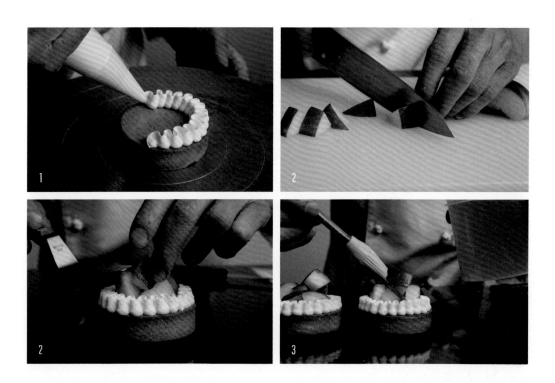

Lychee tart

玉荷包

運用食材｜玉荷包、艾草粉

Preparing

前置艾草甜塔殼

1. 將塔皮擀到 3mm，切出寬 1.7cm、長 28cm 的長條。

2. 圍在橢圓塔圈裡，去除銜接處多餘塔皮。

3. 壓出底部的塔皮。

4. 將邊緣的塔皮切平整。

5. 烤箱 155℃烤 22 ～ 25 分鐘。

6. 確認烤熟後，在塔殼外側刷一層全蛋液，烤箱 155℃烤 3 分鐘出爐放冷卻。

7. 塔殼冷卻後，在塔殼內側刷上薄薄一層白巧克力備用。

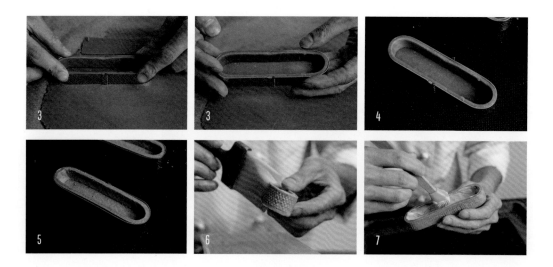

艾草甜塔皮

Ingredients

材料

發酵無鹽奶油 154g	蛋黃 34g
糖粉 95g	全蛋液 27g
鹽 2.4g	低筋麵粉 325g
艾草粉 8g	杏仁粉 36g

Methods

作法

1. 奶油、糖粉、鹽、艾草粉，使用槳狀拌打器攪拌均勻稍微打發。
2. 分次加入全蛋液和蛋黃攪拌均勻。
3. 過篩低筋麵粉、杏仁粉一起加入攪拌均勻即可。
4. 取出麵糰，放在桌面上稍微搓揉一下。
5. 使用烤焙紙包覆，冷藏 1 小時鬆弛。

——————原味乳酪餡——————

Ingredients
材料

蛋黃　106g
細砂糖　132g
奶油乳酪　533g

檸檬汁　26g
吉利丁塊　22g
動物鮮奶油　270g

Methods
作法

1. 蛋黃、砂糖、檸檬汁一起隔水加熱至 80℃。
2. 奶油乳酪放入攪拌盆，使用槳狀拌打器中速攪拌至軟化後，
   分次加入步驟 1（中途停機刮缸避免結粒）。
3. 吉利丁塊微波融化到 60℃加入。
4. 鮮奶油打發到稠狀，拌入乳酪糊。
5. 灌入前置好的塔殼約 7 分滿，冷凍 1 小時。

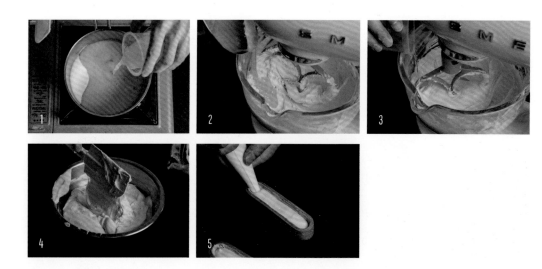

─玫瑰荔枝凍─

Ingredients
材料

荔枝果泥 100g　　　　　吉利丁塊 18g

海藻糖 13g　　　　　　　玫瑰水 5g

Methods
作法

1. 荔枝果泥、海藻糖加熱到 60 ~ 70℃（煮到糖融化）。
2. 吉利丁塊微波融化到 60℃加入，玫瑰水依序加入攪拌。
3. 降溫至 20℃，倒入冰硬的乳酪塔殼約 9 分滿，冷凍 20 分鐘。

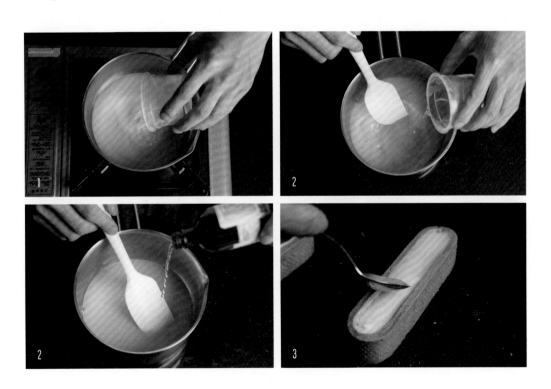

————————荔枝香緹————————

Ingredients
材料

33% 調溫白巧克力 160g   吉利丁塊 15g

純可可脂 35g   動物鮮奶油 200g

荔枝果泥 105g   荔枝香甜酒 10g

Methods
作法

1. 動物鮮奶油煮沸，沖入白巧克力及可可脂中，攪拌均勻成甘納許。

2. 果泥回溫至 30℃，加入甘納許。

3. 吉利丁塊融化到 60℃加入，使用食物調理棒均質，呈現光澤滑順質地。

4. 加入荔枝酒混合後，冷藏靜置 6 小時。

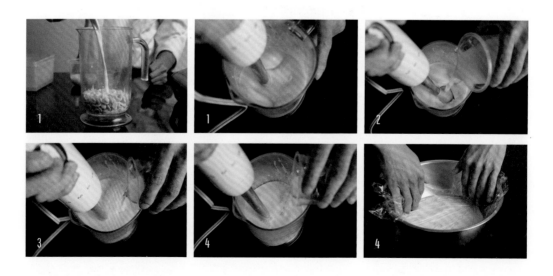

Assemble

組裝

1. 靜置完成的香緹取適量，打發至硬挺狀，在小塔上擠出香緹。

2. 玉荷包取出籽和皮，刷上果膠擺上。

3. 食用玫瑰花、開心果點綴，完成。

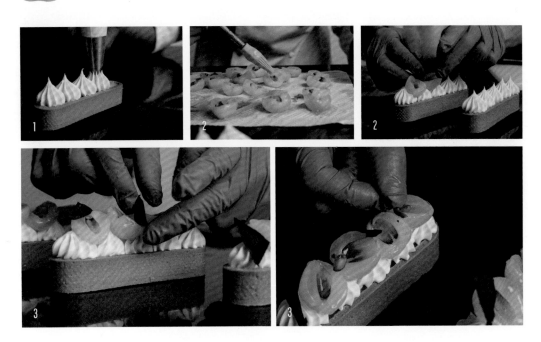

Watermelon

西瓜

運用食材｜西瓜

Preparing

前置餅乾碎塊

1. 將邊角料的塔皮重新擀到 3mm，切成 8mm 的小丁狀。
2. 放入烤箱 150℃烤 18 ～ 20 分鐘，烤至金黃色即可。

─────開心果海綿蛋糕─────

Ingredients

全蛋液 237g   芥花籽油 70g

蛋黃 30g   發酵無鹽奶油 52g

細砂糖 105g   開心果碎 40g

鮮奶 30g   低筋麵粉 83g

Methods

作法

1. 全蛋液、蛋黃、細砂糖隔水加熱至 40℃（比較好打發）。
2. 打發至泛白狀態，判斷麵糊滴落痕跡不易消失。
3. 倒入鋼盆中，一邊加入過篩麵粉，一邊用刮刀攪拌均勻。
4. 奶油、鮮奶、芥花籽油一起加熱至 50℃，取一些麵糊混合攪拌。

5. 倒回鋼盆，加入開心果碎攪拌均勻。

6. 烤盤鋪上烤盤紙，倒入麵糊抹平，烤箱 170℃烤 10 分鐘，烤盤轉向降溫 160℃烤 10 分鐘，判斷是否烤熟（以指腹輕壓蛋糕中間，是否有彈性無壓痕）。

7. 蛋糕出爐放涼後，切出 5.5×5.5cm 正方體備用。

———————————香草慕斯———————————

材料與作法參照芒果三重奏 p.96。

──────────── **玫瑰水晶凍** ────────────

Ingredients
材料

水 310g
細砂糖 80g
果凍粉 4g

玫瑰水 5g
紅色色素 1 滴

Methods
作法

1. 細砂糖、果凍粉秤在一起混合均勻備用。
2. 水煮沸後倒入步驟 1 攪拌,再次煮沸後即可關火。
3. 降溫約 55 ～ 60℃,加入玫瑰水及色素攪拌均勻。
4. 倒入直徑 8cm 的塔圈約 2mm 高,冷藏約 20 分鐘(有變 Q 彈即可)。

Assemble

組裝

1. 杯子底部放入適量餅乾碎塊。

2. 灌入香草慕斯約 1/3 滿，蓋上開心果海綿蛋糕。

3. 灌入香草慕斯至 7 分滿，冷凍約 1 小時。

4. 紅、黃肉西瓜各挖三顆，放在慕斯上。

5. 煮好的玫瑰水晶凍倒入杯中約 8 分滿，冷藏約 30 分鐘。

6. 取出杯子後，蓋上圓形玫瑰水晶凍，然後裝飾即可。

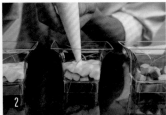

5

6

FALL

秋

FALL 秋。

食材

烏龍茶無花果塔

·食材｜新鮮無花果　·產地｜屏東

來自地中海的生命之果——屏東崁頂有機無花果，Ponpie 的無花果塔深受喜愛，無花果因其稀有性和神秘感，讓人充滿好奇。無花果原產於中東、西亞和地中海地區，因豐富的營養成分，被稱爲「生命之果」和「聖果」，古希臘的奧林匹克運動員也視它爲訓練必備食品。

無花果是人類最早栽種的果樹之一，已有超過五千年的歷史。無花果看似沒有花，實際上它的外表是花托，內藏上千朵細小花與種子，在植物學中稱爲「隱頭花序」。Ponpie 精選屏東崁頂的有機無花果，採用天然栽培方式，並將其融入無花果塔中，爲顧客呈現純淨美味的甜點。

茉莉柚子塔

· 食材 | 茉莉花茶　　· 產地 | 坪林

坪林是台灣著名的茶鄉之一，以生產優質茉莉花茶聞名。茉莉花茶是將茶葉與茉莉花進行窨製，讓茶葉吸收茉莉花的芳香，帶來花香與茶香的完美結合。坪林的茉莉花茶以其清新優雅的香氣、甘醇柔順的茶湯而深受茶愛好者的喜愛。

坪林地區氣候涼爽、土壤肥沃，為茶葉的生長提供了理想環境。每一口茉莉花茶都散發著淡雅的花香，伴隨著清甜的回甘，讓品茗者彷彿置身於茉莉花盛開的花園中，無論是日常飲用還是作為伴手禮，坪林茉莉花茶都能帶來一份優雅愉悅的品茶時光。

煦日

· 食材 | 米穀粉　　· 產地 | 花蓮

稻米曾是台灣重要產業與主要食材，隨著經濟和生活方式的轉變，國產稻米食用量逐漸下降，為了推廣米食文化，許多農友將稻米製成多樣化的產品，以拓展米料理的可能性。Ponpie 今年響應這一理念，推出無麩質米甜點「煦日」，並選用來自花蓮富里的銀川有機米穀粉，推動永續土地的理念。

花蓮富里位於花東縱谷，得天獨厚的環境孕育了優質稻米，銀川有機米來自當地污染低、溫差大的深土區域，受麥飯石礦區水源滋養，稻米香甜飽滿。銀川有機米擁有 25 年有機耕種經驗，並與 140 位農友合作，推廣優質稻米與米食文化。

Oolong tea fig tart

烏龍茶無花果塔

5 吋花邊

運用食材｜無花果、烏龍茶

Preparing

前置焙烏龍茶甜塔殼

1. 將塔皮擀到 3mm，使用比入塔圈大 2 號的塔圈壓出塔皮。

2. 放入 5 吋花邊塔模中，去除邊緣多餘塔皮。

3. 放入烤焙紙、重石，155℃烤 17 分鐘，取出重石、烤焙紙，再放進烤箱烤 6～8 分鐘。

4. 塔殼冷卻後，在塔殼內側刷上薄薄一層全蛋液，回烤 3 分鐘出爐放涼備用。

─────焙烏龍茶甜塔皮─────

Ingredients
材料

發酵無鹽奶油 154g
糖粉 95g
鹽 2.4g
杏仁粉 36g

蛋黃 34g
全蛋液 27g
低筋麵粉 325g
焙烏龍茶粉 13g

Methods
作法

1. 奶油、糖粉、鹽、茶粉使用槳狀拌打器攪拌均勻稍微打發。

2. 分次加入全蛋液和蛋黃攪拌均勻。

3. 過篩低筋麵粉、杏仁粉一起加入攪拌均勻即可。

4. 使用烤焙紙包覆，冷藏 1 小時鬆弛。

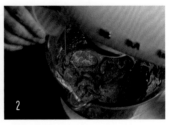

─────焙烏龍茶杏仁餡─────

Ingredients
材 料

發酵無鹽奶油 105g　　　　　全蛋液 102g

糖粉 65g　　　　　　　　　低筋麵粉 27g

杏仁粉 77g　　　　　　　　焙烏龍茶粉 12g

Methods
作 法

1. 奶油、糖粉攪拌均勻，分次加入全蛋液。

2. 麵粉過篩，與杏仁粉、茶粉一起加入攪拌均勻。

3. 填入杏仁餡約 8 分滿。

4. 烤箱 155℃烤 25 ～ 27 分鐘。

5. 出爐後放涼，放置冷凍約 2 小時。

 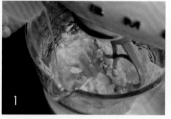 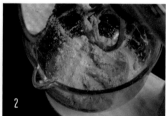

——番石榴果醬——

Ingredients
材 料

番石榴果泥 200g
百香果泥 33g
細砂糖 A 57g

柑橘果膠粉 5g
細砂糖 B 14g

Methods
作 法

1. 將兩種果泥、砂糖 A，一起煮到 40℃。
2. 果膠粉、砂糖 B 混合加入煮滾後關火，降溫備用。

外交官奶油

材料與作法參照共同配方 p.24。

Assemble

組 裝

1. 在塔殼上擠上番石榴果醬。
2. 接著擠上外交官奶油。
3. 擺滿新鮮無花果,刷上果膠,撒上開心果碎及紅醋栗裝飾,完成。

Oolong apple tart

澎果

運用食材 | 蘋果、紅烏龍茶

迷你花邊小塔

Preparing

前置紅烏龍茶甜塔殼

1. 將塔皮擀到 2mm，使用比入塔圈大 2 號的塔圈壓出塔皮。

2. 放入迷你花邊塔模中，去除邊緣多餘塔皮。

3. 放入烤焙紙、重石，150℃烤 10 分鐘，取出重石、烤焙紙，再放進烤箱烤 4 ～ 6 分鐘。

4. 塔殼冷卻後，在塔殼內側刷上薄薄一層黑巧克力備用。

─────紅烏龍茶塔皮─────

Ingredients
材料

發酵無鹽奶油 154g	蛋黃 34g
糖粉 95g	全蛋液 34g
鹽 2.4g	低筋麵粉 305g
杏仁粉 36g	紅烏龍茶粉 10g

Methods
作法

1. 奶油、糖粉、鹽使用槳狀拌打器攪拌均勻稍微打發。
2. 分次加入全蛋液與蛋黃攪拌均勻。
3. 低筋麵粉過篩，和杏仁粉、茶粉一起加入攪拌均勻即可。
4. 取出麵糰，放在桌面上稍微搓揉一下。
5. 使用烤焙紙包覆，冷藏 1 小時鬆弛。

─────焦糖蘋果餡─────

Ingredients
材料

細砂糖 A 50g

動物鮮奶油 55g

新鮮蘋果丁 1 顆（約 145g）

香草莢醬 5g

蘋果酒 15g

細砂糖 B 10g

柑橘果膠粉 2g

格斯粉 10g

Methods
作法

1. 蘋果削皮去籽切成小丁狀備用。

2. 砂糖 A 焦化，動物鮮奶油加熱到 80℃沖入焦糖中攪拌。

3. 把蘋果丁、香草莢醬、蘋果酒一起加入拌炒至焦糖色。

4. 果膠粉、砂糖 B、格斯粉混合一起加入，繼續拌炒至黏稠狀。

5. 隔冰水降溫備用。

--------------------------------青蘋果慕斯--------------------------------

Ingredients
材 料

蘋果汁 95g	檸檬汁 22g
青蘋果果泥 95g	蛋黃 85g
細砂糖 40g	吉利丁塊 42g
海藻糖 10g	動物鮮奶油 250g

Methods
作 法

1. 蛋黃、砂糖、海藻糖混勻備用。
2. 果汁、果泥煮沸，沖入步驟 1 中攪拌，再回煮到 80℃。
3. 吉利丁塊融化到 60℃加入，使用均質機攪拌。
4. 降溫至 40℃，動物鮮奶油打發，加入攪拌均勻。
5. 灌入直徑 4cm 的半圓矽膠模，冷凍冰硬。

---覆盆子淋面---

Ingredients
材料

覆盆子果泥 75g	細砂糖 A 50g	鏡面果膠 125g
水 225g	果膠粉 3g	杏桃果膠 125g
葡萄糖漿 40g	細砂糖 B 20g	紅色色粉 1.3g

Methods
作法

1. 果泥、水、糖漿、砂糖 A 加熱到 40℃，砂糖 B、果膠粉混合後倒入攪拌繼續煮滾約 2～3 分鐘。

2. 煮到稠狀之後熄火，加入鏡面果膠、杏桃果膠、紅色色粉，使用食物調理棒均質，蓋上保鮮膜冷藏。

——鮮奶油香緹——

材料與作法參照共同配方 p.23。

Assemble

組 裝

1. 焦糖蘋果餡填入小塔中抹平。
2. 冰硬的青蘋果慕斯脫模。
3. 沾入融化的淋面中。
4. 慕斯邊緣的淋面殘留抹乾淨,放在塔上。
5. 鮮奶油香緹打發,在慕斯邊緣擠出花紋。
6. 點上金箔、放上塑形巧克力、開心果完成。

Tea-flavored chestnut and purple sweet potato tart

茶香栗子紫薯塔

運用食材│紅烏龍茶、栗子、紫薯

長形花邊
切片塔

Preparing

前置紅烏龍茶甜塔殼

1. 　將塔皮擀到 3mm，塔皮切成比長形塔模大 2 號的塔皮。
2. 　放入長形花邊塔模中，去除邊緣多餘塔皮。
3. 　放入烤焙紙、重石，155℃烤 15 分鐘，外側塔皮已定型並呈金黃色至半熟（白燒程度），取出重石、烤焙紙，再放進烤箱烤 8 ～ 10 分鐘。
4. 　塔殼冷卻後，在內側刷上一層薄薄全蛋液，回烤 2 分鐘出爐放涼備用。

————————紅烏龍茶塔皮————————

材料與作法參照澎果 p.138。

————————紅烏龍茶杏仁餡————————

Ingredients

材料

原味杏仁餡 376g

紅烏龍茶粉 9g

黑蘭姆酒 適量

冷凍覆盆子碎粒 適量

糖漬栗子 適量 (組裝時用)

Methods

作法

1. 原味杏仁餡、紅烏龍茶粉放在一起，並攪拌均勻（勿過度攪拌）。

2. 填入前置好的塔殼約 9 分滿，在杏仁餡上灑上冷凍覆盆子碎粒，155℃烤 22 ～ 25 分鐘。

3. 出爐後在蛋糕上刷上黑蘭姆酒放涼備用。

―――――紫薯餡―――――

Ingredients

材 料

紫薯餡　　300g
動物鮮奶油　120g

Methods

作 法

動物鮮奶油加熱至40℃，分次加入紫薯餡攪拌均勻後過篩即可。

―――――鮮奶油香緹―――――

材料與作法作法參照共同配方 p.23。

Assemble

組 裝

1. 在塔上擠上適量的鮮奶油香緹。
2. 鋪上栗子丁後，擠上香緹覆蓋，再用抹刀推抹整齊。
3. 使用蒙布朗花嘴，由前至後，由左至右擺動擠出紫薯餡，完成後放入冷凍冰硬。
4. 取出切 3.5cm 一片大小，裝飾栗子、馬林糖。

Red oolong tea
orange tart

煦日

運用食材｜紅烏龍茶、蓬萊米粉、柳橙

6 吋花邊

Preparing

前置米穀塔殼

1. 將塔皮擀到 4mm，壓出比塔圈大 2 號的塔皮。
2. 放入 6 吋花邊塔模中，去除邊緣多餘塔皮，拿叉子在塔底戳洞，然後放進冷藏鬆弛 15 ～ 20 分鐘。
3. 155℃ 烤 15 分鐘，外側塔皮已定型並呈金黃色至半熟（白燒程度），150℃ 再烤 10 ～ 12 分鐘。
4. 塔殼冷卻後，在塔殼內側刷上一層薄薄全蛋液，回烤 2 分鐘出爐放涼備用。

──米穀塔皮──

Ingredients

材 料

發酵無鹽奶油　250g

糖粉　95g

鹽　1g

蛋黃　20g

全蛋液　53g

銀川蓬萊米粉　286g

杏仁粉　36g

葛粉　25g

Methods
作 法

1. 奶油稍微退冰至能用手指壓出痕跡即可（不要太軟，以免攪出來的塔皮容易出油）。

2. 奶油、過篩糖粉、鹽使用槳狀拌打器攪拌均勻。

3. 分次加入全蛋液、蛋黃（中途停機刮缸讓食材混勻）。

4. 加入過篩的蓬萊米粉、杏仁粉、葛粉攪拌成糰即可。

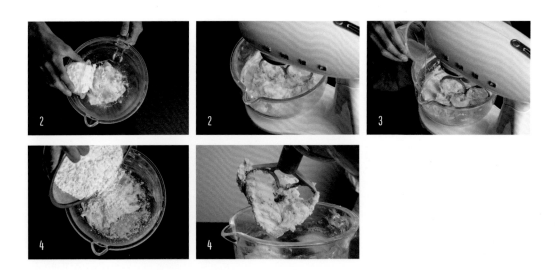

米穀杏仁餡

Ingredients
材料

發酵無鹽奶油　105g

糖粉　66g

杏仁粉　79g

全蛋液　104g

銀川蓬萊米粉　27g

新鮮柳橙皮屑　1 顆

Methods
作法

1. 奶油、糖粉攪拌均勻後，取一半的蛋液加入拌均勻。
2. 加入杏仁粉攪拌後，再加入另一半蛋液。
3. 加入蓬萊米粉、柳橙皮屑，攪拌均勻。
4. 填入前置好的塔殼約 6 分滿，烤箱 155℃烤 18 ～ 20 分鐘。

─────紅烏龍茶奶凍─────

Ingredients
材 料

動物鮮奶油 276g	紅烏龍茶粉 14g
蛋黃 55g	馬斯卡彭 202g
細砂糖 55g	吉利丁塊 27g

Methods
作 法

1. 砂糖、蛋黃、茶粉放在一起攪拌均勻備用。
2. 動物鮮奶油煮沸，沖入步驟 1 中攪拌，再回煮到 80℃。
3. 吉利丁塊微波融化到 60℃加入。
4. 最後加入馬斯卡彭均質，呈現光澤滑順質地。
5. 倒滿 6 吋塔，放進冷凍約 2 小時。

百香果淋面

Ingredients
材 料

百香果泥 75g	NH 果膠粉 6g	吉利丁塊 18g
生飲水 225g	砂糖 B 20g	黃色素 3 滴
葡萄糖 40g	杏桃果膠 125g	杏橘色素 1 滴
砂糖 A 100g	鏡面果膠 125g	

Methods
作 法

1. 果泥、水、葡萄糖漿、砂糖 A 加熱到 40℃，砂糖 B、果膠粉混合後倒入攪拌，繼續煮滾約 2～3 分鐘。

2. 煮到稠狀之後熄火，加入融化吉丁利塊，再依序加入鏡面果膠、杏桃果膠、色素，使用食物調理棒均質，蓋上保鮮膜冷藏備用。

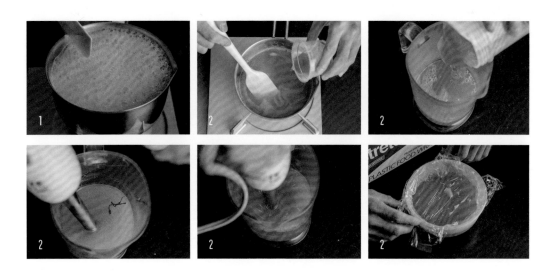

柳橙慕斯

Ingredients
材料

新鮮柳橙汁　48g	吉利丁塊　24g
柳橙果泥　72g	馬斯卡彭　40g
蛋黃　32g	君度橙酒　10g
砂糖　24g	動物鮮奶油　136g

Methods
作法

1. 準備直徑 10cm 的塔圈，圍上透明圍邊備用。
2. 砂糖、蛋黃放在一起攪拌均勻備用。
3. 柳橙汁、柳橙果泥一起煮沸，沖入步驟 2 中攪拌，再回煮到 80℃。
4. 吉利丁塊微波融化到 60℃加入。

5.　加入馬斯卡彭均質，降溫至 30℃，再加入橙酒。

6.　最後加入打發動物鮮奶油拌勻。

7.　擠入 85g 至塔圈裡，放進冷凍冰硬。

紅烏龍茶外交官奶油

Ingredients
材料

鮮奶 350g
動物鮮奶油 A 50g
香草莢 1/2 支
蛋黃 88g
細砂糖 70g
玉米粉 20g

高筋麵粉 20g
紅烏龍茶粉 20g
發酵無鹽奶油 35g
吉利丁塊 18g
動物鮮奶油 B 350g

Methods
作法

作法參照共同配方 p.24。

Assemble
組裝

1. 百香果淋面融化到 28℃。
2. 確認柳橙慕斯冰硬後再脫模,淋上淋面後把表面多餘的淋面抹薄一點,放到塔上。

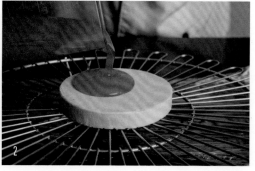

3. 準備貝殼花嘴及擠花袋,外交官奶油、紅烏龍茶外交官奶油各別裝在擠花袋裡。

4. 在慕斯外圍交替口味擠滿一圈。

5. 點上金、銀箔即可。

Black forest tart

黑森林

6 吋花邊

運用食材 | 櫻桃

Preparing

前置巧克力甜塔殼

1. 將塔皮擀到 4mm，使用比入塔圈大 2 號的塔圈壓出塔皮。
2. 放入 6 吋花邊塔模中，去除邊緣多餘塔皮。
3. 放入烤焙紙、重石，155℃烤 15 分鐘，取出重石、烤焙紙，再放進烤箱 150℃烤 8 ～ 10 分鐘。
4. 塔殼冷卻後，在塔殼內側刷上薄薄一層全蛋液，回烤 2 分鐘出爐放涼備用。

————巧克力甜塔皮————

材料與作法參照可可芭娜娜 p.52。

————巧克力杏仁餡————

Ingredients
材 料

原味杏仁餡　376g

可可粉　15g

胡桃　適量

酒漬櫻桃　適量

櫻桃酒　適量

Methods
作 法

1. 原味杏仁餡、可可粉放在一起攪拌均勻（勿過度攪拌）。
2. 填入前置好的塔殼約 9 分滿，在杏仁餡上鋪上酒漬櫻桃、胡桃，155℃烤 22 ～ 25 分鐘。
3. 出爐後，刷上櫻桃酒放涼備用。

黑巧克力香緹

Ingredients
材料

動物鮮奶油 A 225g

葡萄糖漿 38g

70% 調溫黑巧克力　190g

動物鮮奶油 B 450g

Methods
作法

1. 動物鮮奶油 A、糖漿一起煮沸，沖入巧克力中攪拌。
2. 使用食物調理棒均質混和。
3. 加入動物鮮奶油 B 攪拌均勻，密封冷藏一晚。

──白巧克力香緹──

Ingredients

材 料

動物鮮奶油 A 150g

細砂糖 28g

香草莢 1/2 支

33% 調溫白巧克力 55g

吉利丁塊 27g

柑曼怡橙酒 15g

動物鮮奶油 B 415g

Methods

作 法

1. 香草莢取出籽與動物鮮奶油 A、砂糖一起煮沸，取出香草莢後，沖入巧克力中攪拌均勻。

2. 使用食物調理棒均質混和，吉利丁塊融化到 60℃加入攪拌均勻。

3. 依序加入酒、動物鮮奶油 B 攪拌均勻，密封冷藏一晚。

Assemble

組裝

1. 將兩種香緹打發，使用平口、貝殼花嘴，在塔上擠滿分佈均勻的香緹。

2. 放上新鮮櫻桃、金箔、葉子。

Jasmine pomelo tart

茉莉柚子塔

運用食材｜柚子、茉莉花

圓小塔

Preparing

前置四季春茶甜塔殼

1. 將塔皮擀到 3mm，使用比入塔圈大 2 號的塔圈壓出塔皮。

2. 放入直徑 7cm 圓形小塔圈中，去除邊緣多餘塔皮。

3. 放入烤焙紙、重石，155℃烤 15 分鐘，取出重石、烤焙紙，再放進烤箱烤5～6分鐘。

4. 塔殼冷卻後，在塔殼內側刷上薄薄一層全蛋液，回烤 2 分鐘出爐放涼備用。

──────四季春茶塔皮──────

Ingredients

材 料

發酵無鹽奶油 240g	全蛋 75g	泡打粉 2g
糖粉 75g	低筋麵粉 450g	鹽 1g
細砂糖 75g	杏仁粉 45g	四季春茶粉 10g

Methods

作 法

1. 奶油稍微退冰至能用手指壓出痕跡即可（不要太軟，以免攪出來的塔皮容易出油）。
2. 奶油、糖粉、鹽、砂糖使用槳狀拌打器攪拌均勻。
3. 分次加入全蛋液（中途停機刮缸讓食材混勻）。
4. 最後加入過篩的低筋麵粉、杏仁粉、茶粉，慢速拌勻成糰。
5. 取出後整形、收封冷藏鬆弛 1 小時。

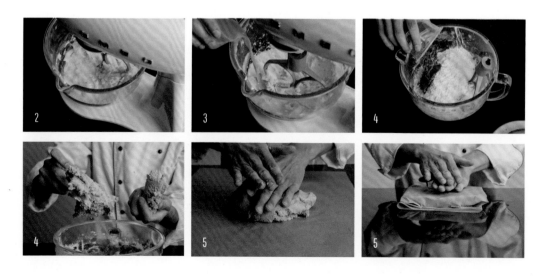

柚子杏仁餡

Ingredients
材料

原味杏仁餡　376g　　　　　　　柚子汁　20g
蜜漬柚子丁　60g

Methods
作法

1. 柚子丁與柚子汁混和均勻，再加入杏仁餡拌勻。
2. 擠入小塔約 6 分滿。
3. 150℃烤 18 ～ 20 分鐘。

─茉莉花茶甘納許─

Ingredients
材料

動物鮮奶油 210g

茉莉花茶粉 8g

葡萄糖漿 16g

轉化糖漿 9g

70% 調溫黑巧克力 200g

36% 調溫牛奶巧克力 90g

發酵無鹽奶油 18g

Methods
作法

1. 將兩種巧克力與茶粉放入量杯。
2. 動物鮮奶油、葡萄糖漿、轉化糖漿一起煮沸，沖入步驟 1 均質攪拌。
3. 加入奶油拌勻。
4. 倒入小塔填滿，冷凍冰硬。

————巧克力淋面————

Ingredients
材料

33% 調溫白巧克力　300g
芥花籽油　30g

茉莉花茶粉　15g

Methods
作法

1. 巧克力融化至 45℃。
2. 加入芥花籽油均質。
3. 加入茶粉拌勻即可。

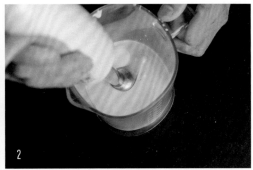

————茉莉花茶慕斯————

Ingredients
材 料

鮮奶 230g

蛋黃 77g

細砂糖 23g

純可可脂 27g

調溫白巧克力 153g

茉莉花茶粉 23g

吉利丁塊 28g

動物性鮮奶油 260g

Methods
作 法

1. 準備直徑 6cm 的塔圈,圍上透明圍邊備用。

2. 蛋黃、糖、茶粉放一起拌勻。

3. 鮮奶煮沸沖入步驟 2 中,再回煮至 80℃。

4. 倒入可可脂與白巧克力中均質。

5. 吉利丁塊加熱至 60℃加入攪拌均勻。

6. 降溫至 32℃，動物性鮮奶油打發，加入拌勻。

7. 倒入塔圈填滿，冷凍冰硬。

Assemble

組 裝

1. 取出冰硬的慕斯脫模，沾入巧克力淋面。
2. 放在塔上，擠花袋剪出斜角缺口，在慕斯上擠出花紋。
3. 灑上防潮糖粉，放上巧克力花。

WINTER

冬

WINTER

冬。食材

香水草莓塔

·食材｜食用玫瑰花　·產地｜屏東

Ponpie 選用的玫瑰來自台灣最大的有機食用玫瑰農場——屏東九如的「大花農場」。與一般觀賞玫瑰不同，食用玫瑰必須特別講究，因為它是要進入口中的食材，農場主人透過草生栽培來維持生態平衡，經過四、五十種玫瑰的測試，最終選出香氣濃郁、花瓣較大的「大花一號」與「大花二號」。

這些玫瑰是第一線農友辛勤栽培的成果，正是他們的堅持，才能讓台灣的獨特風味透過甜點呈現給大家，感謝他們的付出！

草莓花園

· 食材 | 草莓　 · 產地 | 苗栗

提到台灣草莓，苗栗大湖鄉無疑是最具代表性的產地，大湖鄉位於苗栗縣南部，擁有四面環山的地形和肥沃土壤，氣候條件優越，特別適合草莓的生長。草莓最早於民國 23 年由日本人引進，在台灣試種，最終大湖因其得天獨厚的氣候與土壤，成爲台灣草莓的重要產地。

每年 11 月至次年 4 月是大湖草莓的盛產期，Ponpie 草莓祭精選大湖「香水草莓」，這款草莓酸甜多汁，並帶有淡雅香氣，無論是與清爽的莓果、還是濃郁的乳酪、抹茶、巧克力搭配，都能展現其豐富的風味層次，成爲衆多甜點中的主角。

焦香焙茶柚子塔

· 食材 | 焙茶　 · 產地 | 鹿兒島

來自日本鹿兒島知覽地區的有機綠茶，經過精心烘製，風味獨特。選用特殊的茶葉種植方式，焙茶中的兒茶素含量較低，因此茶湯較不苦澀，口感更加柔和順口。其茶徑僅 5-10μ，充分保留茶葉的香氣與口感，使焙茶具有層次豐富的風味，非常適合作爲甜點或飲品的搭配。

Perfume strawberry tart

香水草莓塔

運用食材｜草莓、玫瑰

圓小塔

Preparing

前置沙布列塔殼

1. 將塔皮擀到 3mm，使用比入塔圈大 2 號的塔圈壓出塔皮。

2. 放入直徑 7cm 圓形小塔圈中，去除邊緣多餘塔皮

3. 放入烤焙紙、重石，155℃烤 20 ～ 23 分鐘，外側塔皮已定型並呈金黃色 至半熟（白燒程度），取出重石、烤焙紙，再放進烤箱烤 3 ～ 5 分鐘。

4. 在塔殼內側刷上一層全蛋液，烤箱 155℃烤 3 分出爐放涼備用。

────糖漬草莓乾────

Ingredients
材 料

水 400g
細砂糖 150g

草莓乾 300g
草莓酒 20g

Methods
作 法

1. 將水、砂糖煮沸。
2. 加入草莓乾後轉小火,燉煮約 1 分多鐘。
3. 取一顆測試是否軟化。
4. 冷卻後將糖水濾掉,加入草莓酒攪拌備用。

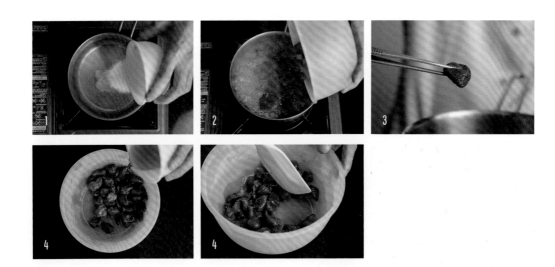

玫瑰草莓果醬

Ingredients

材料

冷凍草莓粒 200g

食用玫瑰花瓣 18g

細砂糖 A 55g

海藻糖 18g

細砂糖 B 50g

柑橘果膠粉 2g

檸檬汁 4g

玫瑰水 2g

Methods

作法

1. 草莓粒事先解凍後再使用。

2. 使用食物調理棒把草莓果粒和玫瑰花瓣一起打碎,再與砂糖 A、海藻糖一起加熱到 45℃。

3. 接著加入砂糖 B、果膠粉,使用刮刀邊煮邊攪拌。

4. 煮到 80℃時加入檸檬汁,繼續煮到滾之後關火、降溫。

5. 等果醬降溫到 40℃,加入玫瑰水拌勻即可。

黑莓杏仁餡

Ingredients
材料

發酵無鹽奶油 105g

糖粉 65g

杏仁粉 77g

全蛋液 102g

低筋麵粉 27g

黑莓粉 12g

Methods
作法

1. 奶油、糖粉以槳狀拌打器打至霜狀，分次加入全蛋液。
2. 杏仁粉、黑莓粉、低筋麵粉一起加入攪拌均勻。
3. 在塔殼裡放入約 4 顆糖漬草莓，黑莓杏仁餡填滿塔殼。
4. 烤箱 160℃烤 20 分鐘，烤熟後取出，在塔殼外側刷上一層薄薄的蛋黃液，再進烤箱烤 1～2 分鐘即可出爐。

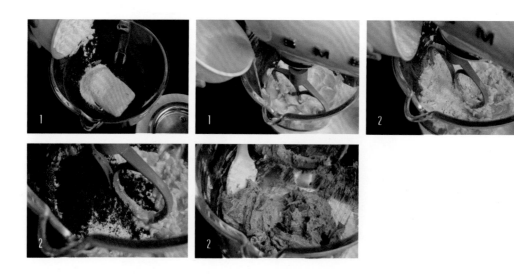

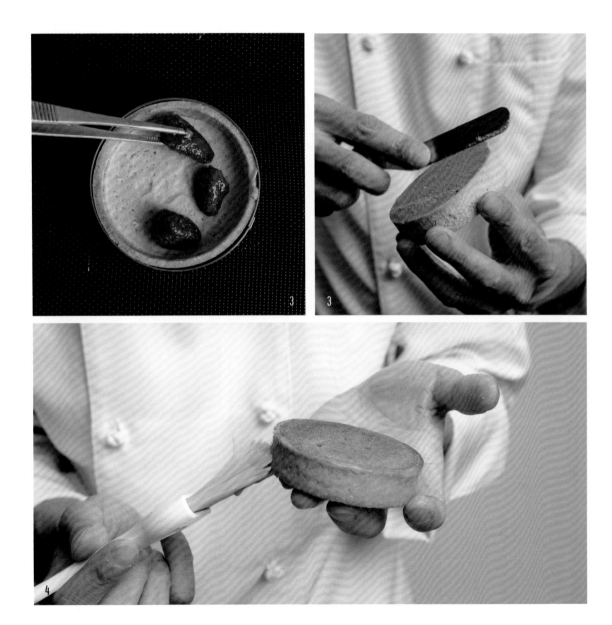

─────────────鮮奶油香緹─────────────

材料與作法參照共同配方 p.23。

Assemble
組裝

1. 小塔冷卻後，在表面擠上草莓果醬，放一顆草莓。
2. 擠上鮮奶油香緹，裝飾切片草莓、葉子、金箔，完成。

Strawberry garden

草莓花園

圓小塔

運用食材 | 草莓

Preparing

前置沙布列塔殼

1. 將塔皮擀到 3mm，使用比入塔圈大 2 號的塔圈壓出塔皮。

2. 放入直徑 7cm 圓形小塔圈中，去除邊緣多餘塔皮。

3. 放入烘烤焙紙、重石，150℃烤至外側塔皮成金黃色，取出重石、烤焙紙，再繼續烤至內緣塔皮也呈金黃色。

4. 在塔殼內側刷上薄薄一層白巧克力。

────────────── 草莓甘納許 ──────────────

Ingredients

材 料

33% 調溫白巧克力 165g
純可可脂 70g

草莓果泥 95g

Methods

作 法

1. 巧克力、可可脂微波加熱融化約 45℃ 。

2. 草莓果泥加熱至 80℃沖入巧克力中。

3. 使用食物調理棒均質混合即可。

4. 倒入 15g 至小塔裡，冷凍 30 分。

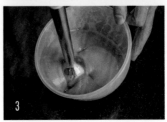

--------------------**覆盆子奶凍**--------------------

Ingredients
材 料

覆盆子果泥 125g	全蛋液 47g
細砂糖 31g	吉利丁塊 22g
蛋黃 38g	發酵無鹽奶油 47g

Methods
作 法

1. 砂糖、蛋黃、全蛋液放在一起攪拌均勻備用。

2. 果泥煮到 80℃，沖入步驟 1 中攪拌，再回煮到 82℃。

3. 吉利丁塊微波融化到 60℃加入。

4. 最後加入奶油均質，呈現光澤滑順質地。

5. 倒滿小塔，冷凍 2 小時。

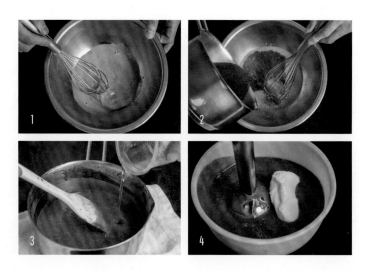

──馬卡龍──

Ingredients
材料

杏仁粉 250g	蛋白 A 90g	蛋白 B 90g
純糖粉 250g	細砂糖 250g	紅色色粉 2g
蛋白粉 5g	水 60g	紅色色素 1g

Methods
作法

1. 杏仁粉、糖粉、紅色色粉一起過篩 2 次備用。
2. 蛋白 A、蛋白粉放入攪拌盆，使用球狀拌打器高速打發。
3. 水、砂糖煮到 116℃沖入打發蛋白中，並高速繼續打發。

4. 打到可以用拌打器拉出鳥嘴尖硬挺的蛋白狀態。

5. 加入色素、粉類、蛋白 B，使用刮板攪拌均勻。

6. 擠出直徑約 5cm 大小，室溫風乾使表殼結皮。

7. 多墊一個烤盤送進烤箱，150℃烤 10 分鐘確認蕾絲裙有跑出來後，再抽出烤盤轉向烤 8 ～ 10 分鐘，輕輕搖晃本體確認是否有烤熟。

草莓果醬

材料與作法參照香水草莓塔 p.184。

Assemble

組裝

1. 草莓洗淨去蒂頭切對半備用。

2. 在小塔中間擠上鮮奶油香緹，外側貼上草莓，在馬卡龍底部擠上適量草莓果醬蓋上，裝飾翻糖花、開心果，完成。

Christmas hat

聖誕帽

運用食材｜葡萄柚

Preparing

前置餅乾

1. 將塔皮擀到 3mm，使用直徑 4cm 圓壓模壓出麵糰。
2. 150℃烤 12 ～ 15 分鐘（烤到表面及底部呈金黃色即可）。

━━━━━━━━━葡萄柚凝凍━━━━━━━━━

Ingredients

材料

新鮮葡萄柚果肉 95g　　　　上白糖 25g
葡萄柚果汁 140g　　　　　　NH 果膠粉 2.5g
飲用水 25g　　　　　　　　吉利丁塊 35g
檸檬汁 10g

Methods

作法

1. 果肉、果汁、飲用水、檸檬汁煮到 40℃，上白糖、果膠粉混和後加入攪拌繼續煮沸後熄火。
2. 吉利丁塊微波融化到 60℃加入。
3. 倒入 15g 在圓錐形矽膠模中，冷凍冰硬。

白乳酪慕斯

Ingredients
材料

水 26g

細砂糖 45g

轉化糖漿 18g

蛋黃 40g

白乳酪 210g

檸檬汁 15g

吉利丁塊 42g

葡萄柚皮屑 1 顆

動物鮮奶油 300g

Methods
作法

1. 水、砂糖、轉化糖漿、蛋黃一起隔水加熱至 80℃。
2. 白乳酪放入攪拌盆，使用槳狀拌打器中速攪拌至軟化。
3. 步驟 1 分次加入白乳酪中。
4. 依序加入檸檬汁、葡萄柚皮屑，吉利丁塊微波融化到 60℃加入。
5. 動物鮮奶油打發至稠狀，拌入乳酪糊裡。
6. 慕斯擠入矽膠模中約 2/3 滿，放入凝凍再擠上慕斯抹平，冷凍一晚。

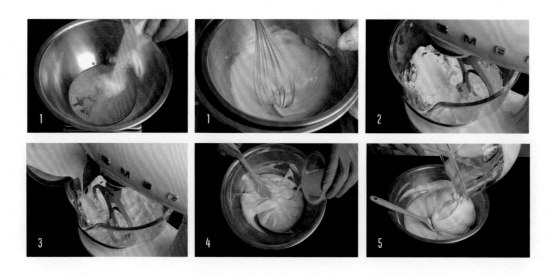

6

6

6

6

———覆盆子淋面———

材料與作法參照澎果 p.138。

———荔枝棉花糖———

Ingredients

材料

細砂糖 88g	轉化糖漿 A 50g	吉利丁塊 50g
葡萄糖漿 57g	荔枝果泥 38g	轉化糖漿 B 55g

Methods

作法

1. 吉利丁塊融化至 60℃與轉化糖漿 B 倒入攪拌盆，使用球狀拌打器中速打發至泛白。
2. 果泥、葡萄糖漿、轉化糖漿 A、砂糖一起煮到 113℃。
3. 沖入步驟 1 中，調整高速繼續打發。
4. 打到稠狀有彈性即可（不要打到冷掉，需要溫溫的）。
5. 烤盤上舖矽膠墊，使用平口花嘴，擠拉出細長形狀，灑上椰子粉，冷藏靜置一晚備用。

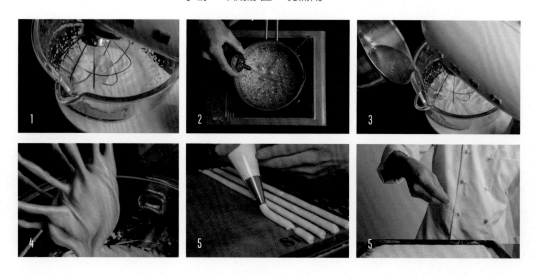

Assemble

組裝

1. 烤好的餅乾放在蛋糕紙托上。
2. 確認慕斯主體冰硬後再脫模，沾上淋面放在餅乾上。
3. 底部側面圍上棉花糖，然後再裝飾，完成。

3

hojicha yuzu tart

焦香焙茶柚子塔

運用食材｜焙茶粉、柚子汁

圓小塔

Preparing

前置酥底塔殼

1. 製作酥底塔皮配方時多加 12g 焙茶粉製作。

2. 將塔皮擀到 3mm，使用比入塔圈大 2 號的塔圈壓出塔皮。

3. 放入直徑 7cm 圓形小塔圈中，去除邊緣多餘塔皮。

4. 放入烤焙紙、重石，155℃烤 20 ～ 23 分鐘，取出烤焙紙、重石，再烤 3 ～ 5 分鐘。

5. 塔殼內側刷上一層全蛋液，烤箱 155℃烤 3 分出爐放涼備用。

────焙茶杏仁餡────

Ingredients
材料

原味杏仁餡 376g

焙茶粉 17g

Methods
作法

1. 杏仁餡與焙茶粉混和均勻即可（勿過度攪拌）。
2. 焙茶杏仁餡填入塔殼約 6 分滿，160℃烤 16 ～ 18 分鐘。
3. 出爐後在塔殼外側刷上薄薄全蛋液，再回烤 1 ～ 2 分鐘。

焦糖奶油餡

Ingredients
材料

葡萄糖漿 12g
細砂糖 134g
水 35g
動物鮮奶油 146g
香草莢 1/3 支

鹽之花 1g
柳橙皮屑 1 顆
發酵無鹽奶油 58g
純可可脂 35g

Methods
作法

1. 動物鮮奶油、香草莢取出籽、鹽之花一起微波至 70 ～ 80℃備用。

2. 葡萄糖漿、水、砂糖煮至焦化後，步驟 1 分次沖入焦糖裡。

3. 焦糖倒入可可脂中攪拌均勻。

4. 依序加入柳橙皮屑、奶油，使用食物調理棒均勻混合。

5. 倒入塔殼填滿，冷凍 1 小時。

---**柚子鮮奶油香緹**---

Ingredients

柚子汁 16g

細砂糖 40g

綿雪奶霜 10 210g

Methods
作法

1. 攪拌盆事先放入冰箱冰鎮。
2. 所有食材倒入攪拌盆，使用球狀拌打器中速打發（機器轉速勿過快，以免油水分離）。

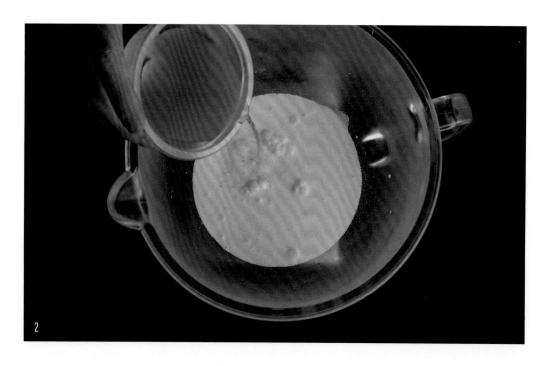

Assemble

組裝

1. 打發柚子鮮奶油香緹。

2. 在冰硬的小塔擠上香緹裝飾，擺上柚子絲，完成。

vegetable and
mushroom pie

鮮蔬野菇鹹派

--------------------**簡易派皮**--------------------

Ingredients
材料

發酵無鹽奶油（冷藏） 269g　　冰水 53g

低筋麵粉 360g　　　　　　　鹽 9g

糖粉 22g　　　　　　　　　　蛋黃 1 顆

Methods
作法

1. 將冷藏狀態的奶油切成小丁，混入低筋麵粉、糖粉、鹽至攪拌盆裡。

2. 冰水與蛋黃秤在一起攪散開來，慢慢倒入。

3. 使用槳狀拌打器慢速攪拌成糰即可（勿打出筋性）。

4. 取出整型、收封冷藏鬆弛 1 小時。

5. 擀成 5mm 厚度的長方形，三折一次，袋子密封冰回冷藏鬆弛 30 分鐘（此步驟重複 3 次）。

6. 展開成 4mm 厚的長方形，割出比模具大 2 號的圓體塔皮捏製成型，冷藏鬆弛 30 分鐘。

7. 鋪上烤焙紙、重石，180℃烤 20 分鐘，確認外側派皮呈金黃色，再取出烤焙紙、重石，送回烤箱 160℃繼續烤 10 ～ 15 分鐘，至派皮內緣呈金黃色。

———————————炒料———————————

Ingredients
材料

蘑菇 1 盒	馬鈴薯 1.5 顆	綠櫛瓜 半顆
洋蔥 半顆	綠花椰菜 半顆	紅蘿蔔 半顆

Methods
作法

1. 蘑菇切片，洋蔥切丁，綠花椰切小朵，綠櫛瓜、馬鈴薯、紅蘿蔔切 1.5cm 丁。

2. 綠花椰、馬鈴薯、紅蘿蔔熱水燙過撈起備用。

3. 洋蔥爆香，依序放入馬鈴薯丁、紅蘿蔔、蘑菇片、綠櫛瓜翻炒。

4. 少許的鹽及黑胡椒粒調味翻炒，即可起鍋備用。

────────────────── 蛋液 ──────────────────

Ingredients
材料

鮮奶 207g　　　　　鹽 1g　　　　　　肉桂粉 0.3g

動物鮮奶油 465g　　白胡椒 1g　　　　帕瑪森乳酪絲 適量

蛋黃 112g　　　　　蘿勒 1g　　　　　（組裝時用）

Methods
作法

1. 所有食材混勻，並浸泡一晚。
2. 使用前先過濾。

 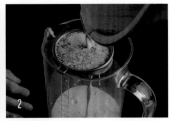

Assemble
組裝

1. 炒料放入熟派皮裡約 6 分滿。
2. 倒滿蛋液。
3. 舖上帕瑪森乳酪絲，烤箱 180℃烤 15 分鐘讓表皮上色，再以 160℃烤 8 ～ 10 分鐘。
4. 出爐前輕輕搖晃判斷成品是否凝固再出爐即可。

Pesto turkey pie

青醬火雞肉鹹派

簡易派皮

材料與作法參照鮮蔬野菇派 p.210，但派皮需裁切與捏皮步驟，步驟如下：

1. 　將完成三折三次的派皮擀到 4mm 厚，割出比模子大 2 號的派皮捏成型 。

2. 　切除邊緣多餘的派皮，冷藏鬆弛 30 分鐘。

3. 　放入烤焙紙與重石，180℃烤 20 分鐘，取出烤焙紙與重石送回烤箱 160℃烤 10 ～ 15 分鐘。

——————— 炒料 ———————

Ingredients
材料

蘑菇 4 顆　　　　黃甜椒 半顆　　　鹽 適量

洋蔥 半顆　　　　火雞肉 180g　　　黑胡椒粒 適量

紅甜椒 半顆　　　青醬 適量

Methods
作法

1. 蘑菇切片，洋蔥、甜椒切丁備用。
2. 雞胸肉切丁，加入少許鹽、黑胡椒粒、芥花籽油醃製備用。
3. 雞胸肉煎上色，加入洋蔥炒香，再依序加入蘑菇、紅黃甜椒。
4. 少許的青醬、鹽、黑胡椒粒調味翻炒，即可起鍋備用。

──────────────────────── **蛋液** ────────────────────────

Ingredients
材料

鮮奶 207g	鹽 1g	肉桂粉 0.3g
動物鮮奶油 465g	白胡椒 1g	九層塔 20g
蛋黃 112g	蘿勒 1g	帕瑪森乳酪絲 適量 （組裝時用）

Methods
作法

1. 所有食材及九層塔，使用食物調理棒打碎混勻浸泡一晚。

2. 使用前先過濾。

Assemble

組 裝

1. 炒料放入熟派皮裡約 6 分滿。

2. 倒滿蛋液。

3. 舖上帕瑪森乳酪絲，烤箱 180℃烤 15 分鐘讓表皮上色，再以 160℃烤 8 ～ 10 分鐘。

4. 出爐前輕輕搖晃判斷成品是否凝固再出爐即可。

澎派四季塔派 / 張智傑, 郭秉翰作 . -- 初版 . -- 臺北市
: 臺灣東販股份有限公司, 2024.11
228 面 ; 18.5×20 公分
ISBN 978-626-379-605-8(平裝)
1.CST: 點心食譜 2.CST: 烹飪
427.16　　　　113014530

澎派四季塔派

2024 年 11 月 01 日初版第一刷發行

作　　者　張智傑、郭秉翰
責任編輯　王玉瑤
美術設計　謝捲子@誠美作 Cheng Made
攝　　影　麥威影像設計 白騏偉
發 行 人　若森稔雄
發 行 所　台灣東販股份有限公司
　　　　　＜地址＞台北市南京東路 4 段 130 號 2F-1
　　　　　＜電話＞ (02)2577-8878
　　　　　＜傳眞＞ (02)2577-8896
　　　　　＜網址＞ https://www.tohan.com.tw
郵撥帳號　1405049-4
法律顧問　蕭雄淋律師
總 經 銷　聯合發行股份有限公司
　　　　　＜電話＞ (02)2917-8022

Smeg手持料理棒
定價$11,900元
顏色 ●●

Smeg全彩攪拌機
定價$36,800元

∴∴∴smeg

Smeg手持料理棒　COUPON

澎派獨家專案價 $7,780元

規格

尺寸：6.5 x 6.5 x 41.3 cm
材質：不鏽鋼攪拌臂+不鏽鋼刀頭
電壓：120V｜60Hz
功率：350W
重量：2.1kg
標準配件：攪拌刀｜切碎器｜搗泥器｜打蛋器｜量杯

優惠辦法

2025.12.31前有效　/　專案優惠價不得與其他優惠合併使用　/　影印無效

適用通路　/　全台品硯美學直營門市

台北門市：台北市大安區忠孝東路三段211號
新竹門市：新竹縣竹北市成功十街72號
台中門市：台中市西屯區玉寶路143號

Smeg全彩攪拌機　COUPON

澎派獨家專案價 $26,800元

規格

尺寸：40.2 x 22.1 x 37.8 (抬頭高49) cm
材質：鋁合金機身+鋅合金底座
電壓：120V｜60Hz
功率：600W
重量：9.2kg
標準配件：打蛋器｜平攪拌器｜攪拌槳｜麵團勾｜進料罩｜不鏽鋼攪拌盆

優惠辦法

2025.12.31前有效　/　專案優惠價不得與其他優惠合併使用　/　影印無效

適用通路　/　全台品硯美學直營門市

台北門市：台北市大安區忠孝東路三段211號
新竹門市：新竹縣竹北市成功十街72號
台中門市：台中市西屯區玉寶路143號

山生有幸
MOUNTAIN LUCK

山生有幸自栽茶園於南投凍頂鳳凰山，傳承五代百年製茶歷史。從古法龍眼炭焙、紅外線電焙機再到薰花調和，運用新古交融的工藝與技法，製作出歷久彌新的迷人風味。

與澎派 Ponpie 合作限定聯名茶款「漫波 蜜花紅水烏龍」，首次運用全新複合薰花技術，摘採台灣天然茉莉與含笑花，將帶有熟果、蜂蜜香氣的紅水烏龍茶交織包覆，一點一滴牽引出碩果纍纍，至成熟化蜜的綻放歷程，體驗如同湖光漫波般的風味紋理。

COUPON

憑本券至澎派實體店面消費滿
NT.$500元，並加入Ponpie官方
LINE好友，即可享全店商品95折
優惠！

·使用期限：即日起至2025/11/01
·限用一次，影印無效